新型农民培训丛书

# 蔬菜病虫害防治技术

农业部农民科技教育培训中心
中央农业广播电视学校
组编

中国农业大学出版社

主　编　王晓梅
副主编　句荣辉
参　编　徐亚杰
审　稿　赵晨霞　黄广学　李少华　陈肖安

# 新型农民培训丛书编委会

# 内容提要

本书内容包括瓜类、茄果类、白菜绿叶类、豆类、葱蒜类、绿叶菜类、根菜类蔬菜的病虫害诊断技术、发生规律及综合防治技术。收集了蔬菜病虫害防治的新成果，结合安全、绿色食品的生产实践，在病虫害综合防治中加强了农业防治和生物防治的比例，采用生物和低毒高效农药。在蔬菜病虫害防治上突出了安全、环保、绿色。

# 编写说明

我国在社会主义新农村建设中，为了适应城乡广大人民生活的需求，必须大力发展蔬菜生产，抓好菜篮子工程。目前，全国各地种植蔬菜面积迅速增加，对蔬菜产品要求越来越高，希望能买到无污染、无农药残留的安全蔬菜产品。要想获得安全蔬菜产品重要的是解决蔬菜病虫害的防治技术问题。

为了解决蔬菜病虫害的防治技术问题，急需编写通俗易懂、指导性强的农民培训教材。因此，我们组织有关专家编著了《蔬菜病虫害防治技术》一书，作为新型农民培训教材。

本书收集了蔬菜病虫害防治的新成果，结合安全、绿色食品的生产实践，在蔬菜病虫害防治中，全程贯彻“预防为主，综合防治”的方针，运用农业及生物防治技术，“走绿色道路，创生态文明”，生产出高品质、高标准的安全蔬菜产品。

本书编写中，从生产实际出发，突出体现实用性、科学性、新颖性和可操作性。本书既可作为生产一线农民培训教材，也可作为从事蔬菜生产及蔬菜病虫害防治技术人员、管理人员的学习参考书。

由于编者水平所限，本书难免有不妥之处，敬请广大读者提出意见。

**农业部农民科技教育培训中心**
**中央农业广播电视学校**

二〇〇八年十月

# 目录

# 一、瓜类病虫害

## (一)瓜 类 虫 害

瓜类虫害种类较多,主要有瓜蚜、温室白粉虱、黄守瓜、美洲斑潜蝇、小地老虎、蛴螬等。

### 1.瓜蚜

为害瓜类的蚜虫主要有瓜蚜,俗称腻虫、蜜虫。主要为害黄瓜、南瓜、西葫芦、西瓜等葫芦科蔬菜,也为害豆类、茄子、菠菜、葱、洋葱等蔬菜。

(1)为害特点　瓜蚜的成虫、若虫均以刺吸式口器吸食植物汁液。当瓜蚜群集在幼叶上,可使叶片变黄、卷曲。也可为害花梗和嫩茎,使花梗扭曲变形,影响结实。还可传播多种病毒病,只要蚜虫吸食过感病植株,再飞到无病植株上,短时间即可完成传毒,因而瓜蚜传毒造成的损失和危险性大于它本身为害所造成的损失。

(2)形态特征　大翅胎生雌蚜体长 1.5～1.9 毫米,夏季黄绿色,春秋季墨绿色。若蚜体黄色,也有蓝灰色。卵椭圆形,产时橙黄色,后变漆黑色有光泽。

(3)发生规律　瓜蚜 1 年发生 10～20 代,以卵在花椒、木槿、石榴、鼠李等枝条和夏枯草的基部越冬。无滞育现象。越冬卵于翌年春季，当5天平均气温达6℃以上便开始孵化。也能以成蚜和若蚜在温室、大棚中繁殖为害越冬。瓜蚜最适繁殖温度为16～22℃。密度大时产生有翅蚜迁飞扩散。高温高湿和雨水冲刷，不利于瓜蚜生长发育，为害程度也减轻。夏季在25～27℃以上时，瓜蚜的发育和繁殖受抑制，相对湿度超过75%时，对瓜蚜会产生不利的影响。

(4)防治方法

①生物防治：蚜虫的天敌很多，作用较大的有瓢虫、草蛉、蚜茧蜂、食蚜蝇等。

②物理防治：在棚室中设置黄板(20厘米×30厘米)，每亩(1公顷=15亩)为10～15块，可诱杀蚜虫。并可根据诱到的数量来指导用药适期。蚜虫对银灰色有忌避性，在棚室上覆盖银灰色遮阳网或田间悬挂银灰色薄膜条，可驱除蚜虫，都可收到一定的效果。

③药剂防治：春、秋两季大发生，由于瓜蚜多着生在心叶及叶背皱缩处，药剂难以喷到，因此要求喷药周到细致。如用0.04%苦参碱水剂400倍液，在发生初期喷雾，隔3～5天1次，连喷2～3次。用3%除虫菊素乳油兑水稀释成800～1 200倍液喷雾。生产有机蔬菜、绿色蔬菜可采用上述防治方法。如果生产无公害蔬菜除上述方法之外还可以在施药适期应用有机氮类、有机磷类、菊酯类低毒高效农药。如50%辟蚜雾(抗蚜威)可湿性粉剂2 000～3 000倍液，2.5%溴氰菊酯乳油2 000～3 000倍液，20%速灭杀丁乳油2 000～3 000倍液，70%艾美乐水分散粒剂15 000倍液，25%阿克泰水分散剂3 000倍液，10%吡虫啉可湿性粉剂2 000倍液，5%高效大功臣可湿性粉剂1 500倍液，20%好年冬乳油2 000倍液。

保护地可用杀蚜烟剂，每亩400～500克，点燃冒烟，密闭3小时。

### 2. 温室白粉虱

白粉虱食性极杂，主要为害黄瓜、菜豆、茄子、番茄、青椒、甘蓝、花椰菜、萝卜、油菜、白菜、莴苣、芹菜等各种蔬菜。

(1)为害特点　以成虫、若虫在叶片背面吸食植物汁液，使叶片褪绿、变黄，植株长势衰弱。甚至全株萎蔫、死亡。此外，还能分泌蜜露，污染叶片和果实，引起煤污病。也可传播某些病毒病。一般可使蔬菜减产 10%～30%，个别严重的可造成绝产。

(2)形态特征　雌成虫体长 1～1.5 毫米，雄虫略小，虫体和翅上覆盖白色蜡粉。卵为椭圆形，初产淡绿色，覆有蜡粉，后渐变褐色，孵化前变成黑色。若虫扁平，圆形，淡黄或黄绿色(图 1)。

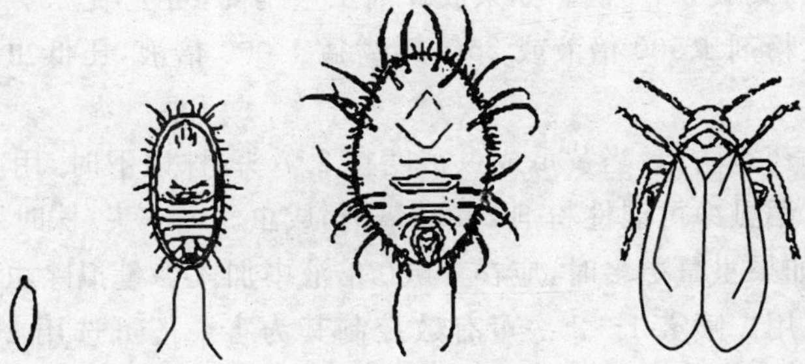

1　2　3　4

**图 1　温室白粉虱**

1. 卵　2,3. 若虫　4. 成虫

(3)发生规律　白粉虱每年发生 6～11 代，主要在温室的蔬菜和花卉上继续繁殖为害，第二年春和初夏由移栽的菜苗携带和由温室飞出的成虫为塑料棚和露地蔬菜的虫源。露地蔬菜白粉虱在春末夏初数量上升，而秋季数量迅速上升达高峰。以为害秋棚蔬菜最严重。10 月下旬以后，气温下降，虫口数量逐渐减少，并开始向温室内迁移为害。卵散产于叶背,以卵柄从气孔插入叶片组织中,极不易脱落。成虫活动最适温度为 25～30℃,温度超过 40.5℃时,成虫活动能力显著下降。

(4)防治方法

①农业防治:温室、塑料棚,在秋冬茬栽植白粉虱不喜食的芹菜、油菜、韭菜等耐低温蔬菜,结合整枝打杈,摘除带虫老叶,带出田外集中销毁。

②物理防治:利用白粉虱成虫对黄色有趋集作用,在温室(棚)内设置黄板。

③生物防治:人工繁殖释放丽蚜小蜂,当番茄上白粉虱成虫在 0.5～1 头/株时,释放丽蚜小蜂"黑蛹"3～5 头/株,每隔 10 天左右放 1 次,共放 3～4 次。如果放蜂前虫量稍高,可先喷 25%扑虱灵可湿性粉剂 1 500 倍液或 25%灭螨猛 1 000 倍液,压低虫口后再放蜂。

④药剂防治:当黄瓜成虫密度在 2.7 头/株以下时,用 25%扑虱灵或稻虱净可湿性粉剂 2 000 倍液,成虫 5～10 头/株时用1 000 倍液;如果虫量更多时,应在 1 000 倍液中加入少量拟除虫菊酯类药剂混用。喷雾 1～2 次可有效控制其为害。还可选用 2.5%天王星乳油 2 000 倍液。在历年白粉虱发生较轻地区,可选用 2.5%功夫菊酯乳油或 20%灭扫利乳油 2 000～3 000 倍液或 20%速灭菊酯乳油,或 2.5%敌杀死乳油 1 000～2 000 倍液。

保护地每亩用 22%敌敌畏烟剂 500 克密闭熏烟,傍晚收工前进行,可杀灭成虫。

### 3.黄守瓜

黄守瓜主要为害黄瓜、南瓜、西葫芦、西瓜等葫芦科蔬菜。

(1)为害特点　黄守瓜成虫、幼虫都能为害。成虫喜食瓜叶和花瓣,还可为害南瓜幼苗皮层,咬断嫩茎和幼果。叶片被食后形成圆形缺刻,影响光合作用。

(2)形态特征　成虫体长 7～8 毫米,体为橙黄或橙红色,有时略带棕色;卵圆形,淡黄色,卵壳背面有多角形网纹;幼虫长约 12 毫米,初孵时为白色,以后头部变为棕色;蛹为纺锤形(图 2)。

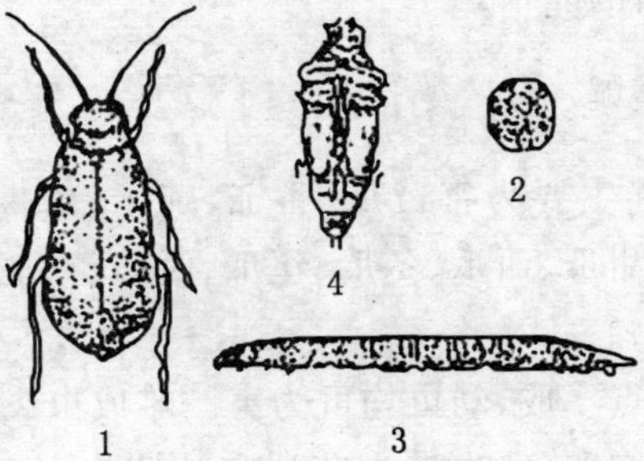


**图 2　黄守瓜**

1.成虫　2.卵　3.幼虫　4.蛹

(3)发生规律　黄守瓜每年发生代数因地而异。我国北方每年发生 1 代。各地均以成虫在避风向阳的田埂土缝、杂草落叶或树皮缝隙内越冬。翌年春季温度达 6℃时开始活动,10℃时全部出蛰,瓜苗出土前,先在其他寄主上取食,待瓜苗生出 3～4 片真叶后就转移到瓜苗上为害。越冬成虫寿命长,在北方可达 1 年左右,活动期 5～6 个月,但越冬前取食未满 1 个月者,则在越冬期就会死亡。

(4)防治方法

①物理防治:黄守瓜首先要抓住成虫期,可利用趋黄习性,用黄盆诱集,以便掌握发生期,及时进行防治。

②农业防治:瓜类与甘蓝、芹菜及莴苣等蔬菜间作;合理安排播种期,以避过越冬成虫为害高峰期;地膜栽培或在瓜田地面撒草木灰、烟草粉、木屑、糠秕等防止成虫产卵。

③药剂防治:瓜苗生长到4～5片真叶时,视虫情及时施药。防治越冬成虫可用90%晶体敌百虫1 000倍液、50%敌敌畏乳油1 000～1 200倍液;喷粉可用2%～5%敌百虫每亩1.5～2千克。防治幼虫可用90%敌百虫1 500～2 000倍液或50%辛硫磷1 000～1 500倍液灌根。

### 4.美洲斑潜蝇

美洲斑潜蝇主要为害黄瓜、番茄、茄子、辣椒、豇豆、蚕豆、大豆、菜豆、芹菜、甜瓜、西瓜、冬瓜、丝瓜、西葫芦、蓖麻、大白菜等22科110多种植物。

(1)为害特点　成、幼虫均可为害。雌成虫飞翔把植物叶片刺伤,进行取食和产卵,幼虫潜入叶片和叶柄为害,产生不规则蛇形白色虫道,叶绿素被破坏,影响光合作用,受害重的叶片脱落,造成花芽、果实被灼伤,严重的造成毁苗。

(2)形态特征　成虫小,体长1.3～2.3毫米,浅灰黑色,胸背板亮黑色,体腹面黄色,雌虫体比雄虫大。卵米色,半透明。幼虫蛆状,初无色,后变为浅橙黄色至橙黄色,长3毫米。蛹椭圆形,橙黄色,腹面稍扁平。

(3)发生规律　成虫以产卵器刺伤叶片,吸食汁液,雌虫把卵产在部分表皮下,卵经2～5天孵化,幼虫期4～7天,末龄幼虫咬破叶表皮在叶外或土表下化蛹,蛹经7～14天羽化为成虫,每世代夏季2～4周,冬季6～8周。美洲斑潜蝇在我国南方周年发生,无越冬现象。世代短,繁殖能力强。

(4)防治方法

①严格检疫:严禁从疫区引进蔬菜和花卉,以防传入。

②农业防治:一是把斑潜蝇嗜好的瓜类、茄果类、豆类与其不为害的作物进行套种;二是瓜类、茄果类、豆类与其不为害的作物进行轮作;三是适当疏植,增加田间通透性;四是及时清洁田园,把

被斑潜蝇为害作物的残体集中深埋、沤肥或烧毁。

③诱杀成虫：在成虫始盛期至盛末期，每亩设置15个诱杀点，每个点放置一张诱蝇纸诱杀成虫，3～4天更换一次。

④药剂防治：在受害作物某叶片有幼虫5头时，掌握在幼虫2龄前（虫道很小时），喷洒98%巴丹原粉1 500～2 000倍液、1.8%爱福丁乳油3 000～4 000倍液、1.8%阿维菌素乳油3 000倍液、48%乐斯本乳油800～1 000倍液、25%杀虫双水剂500倍液、50%蝇蛆净粉剂2 000倍液。防治时间掌握在成虫羽化高峰的8～12时效果好。

### 5. 小地老虎

小地老虎的食性极杂，可为害多种蔬菜，如茄科、豆科、十字花科、百合科、葫芦科，以及菠菜、莴苣、茴香等；还可为害玉米、高粱等禾本科作物及棉花、烟草等经济作物。

（1）为害特点　小地老虎3龄前，栖于植株地上部分，取食顶芽和嫩叶，被咬食的叶片呈半透明的白斑或小孔。3龄以后，幼虫白天躲在土表2～6厘米深处，夜间到地面为害，咬断作物近地面的嫩茎，或将咬断的嫩茎拖到附近的土穴内，上部叶片则露在穴外。5～6龄食量骤增，为害加重，常造成缺苗断垅。

（2）形态特征　成虫为暗褐色中型蛾子，体长16～23毫米，翅展40～50毫米，前翅前缘及外横线间呈黑褐色，后翅灰白色，无斑纹，翅脉及边缘呈黑褐色，腹部灰色；卵为半圆球形，初产时乳白色后变黄色，近孵化时紫色；老熟幼虫体长37～47毫米，头黄褐色，体灰褐色，背面有淡色纵带，体表面粗糙，布满圆形黑色小颗粒；蛹为赤褐色，有光泽（图3）。

（3）发生规律　1年发生1～7代，如在辽宁、甘肃、山东、内蒙古等地发生2～3代；河北、河南、陕西等地发生3～4代；江苏、四川等地发生4～5代；广东、广西、福建等地发生6～7代。以蛹或

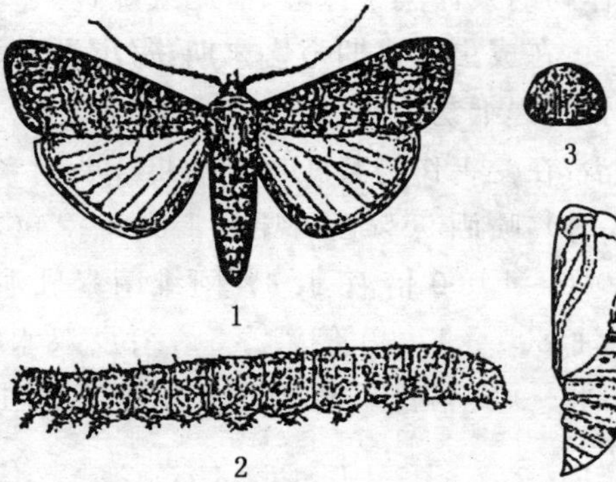


**图 3　小地老虎**

1.成虫　2.幼虫　3.卵　4.蛹

老熟幼虫越冬。越冬代成虫多在 3 月下旬开始发生,4 月初为第一次高峰期,4 月下旬为第二次高峰期。产卵盛期多在 4 月中、下旬。第一代幼虫发生盛期为 5 月上、中旬。

成虫白天隐蔽,夜间活动,尤以黄昏以后活动最强,并交配产卵。成虫活动受气候条件影响很大,10～16℃时活动最盛,低于 3℃或高于 20℃时很少活动。夜间微风或阴天活动强,但遇有大风或降雨活动减弱或停止活动。成虫有趋光性。小地老虎成虫对酸甜物质有强烈的趋性。

(4)防治方法

①农业防治:春耕多耙,消灭土面上的卵粒。秋季土壤翻耕晒垡,可杀死大量幼虫和蛹。进行秋耕冬灌,破坏小地老虎越冬场所。

②诱杀成虫:利用黑光灯或糖醋酒液诱杀成虫,糖醋酒液配比为糖∶醋∶白酒∶水为 6∶3∶1∶10 加适量敌百虫;毒饵诱杀(4 龄以下的幼虫)5 千克麦麸炒香拌入 90% 敌百虫热溶液

10 倍液。

③药剂防治:小地老虎在 3 龄前为害作物地上部分,应及时喷药。可用 2.5%敌百虫粉喷粉,每亩用 1.5～2 千克,或 90%敌百虫 800～1 000 倍液,或 40%菊马乳油 2 500 倍液,或 40%菊杀乳油 2 000～3 000 倍液喷雾。

### 6.蛴螬

蛴螬是金龟类害虫幼虫总称。多食性害虫,能为害多种作物,如豆科、茄科、禾本科、棉、麻及果树。

(1)为害特点　蛴螬始终在地下为害,咬断幼苗根茎部,使植株枯黄而死,或啃食块根、块茎,使作物生长衰弱并直接影响产量和品质。

(2)形态特征　以大黑鳃金龟为例。大黑鳃金龟成虫体长约 20 毫米,宽约 10 毫米。鞘翅革质坚硬,黑褐色有光泽;卵初产时椭圆形,后期圆球形,近孵化时为黄白色;老熟幼虫体长 35～45 毫米,全体多皱褶,静止时体呈“C”形;初化成的蛹为白色,逐渐变黄色,最后变黄褐色至红褐色(图 4)。

(3)发生规律　华北大黑鳃金龟在黄淮海地区 2 年 1 代,北京地区 1～2 年完成 1 代。以幼虫和成虫在土中越冬,成虫越冬深度 30～50 毫米,到 4 月中旬开始出土活动,5 月末是成虫出现盛期。成虫有假死性、趋光性,还对未腐熟的厩肥有强烈的趋性。6 月下旬开始出现小蛴螬,7 月中旬为孵化盛期,10 月中下旬幼虫在入土 80～100 厘米处越冬,第二年春季土壤化冻前开始上升,升温到 10℃以上时,可上升至耕作层,开始为害各种蔬菜幼苗。幼虫期可达 340～400 天,蛹期约 20 天。

(4)防治方法

①农业防治:秋翻地可把越冬的成虫、幼虫翻至地表,使其被冻死、砸死,或被天敌捕食。

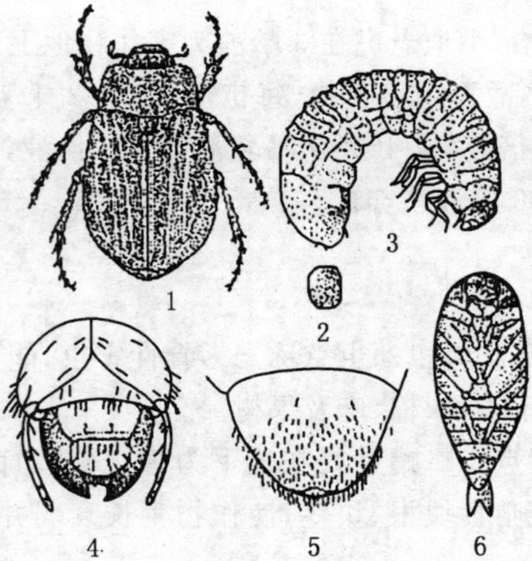


图4　大黑鳃金龟

1.成虫　2.卵　3.幼虫　4.幼虫头部　5.幼虫臀节腹面　6.蛹

②毒土防治：用50%辛硫磷乳油或25%辛硫磷胶囊缓释剂，药剂1.5千克/米$^2$加水7.5千克和细土300千克制成毒土，撒于种苗穴中防治幼虫。

③药剂防治：在成虫盛发期，用90%敌百虫800～1 000倍液喷雾，或用90%敌百虫每亩0.1～0.15千克，加少量水稀释后拌细土15～20千克撒施；防治幼虫施用毒土，即用2.5%敌百虫粉，按每亩1.5～2千克，拌细土10千克左右，撒于播种穴内，毒土上面覆一层土，把种子和毒土隔开，避免产生药害。对幼虫发生量大的地块，可用90%敌百虫800倍液，或用50%辛硫磷1 000倍液或25%西维因可湿性粉剂800倍液灌根，每株灌药液0.25千克，效果较好。

## (二)瓜类病害

瓜类病害种类很多,迄今国内已发现近百种。主要有黄瓜霜霉病、黄瓜黑星病、黄瓜白粉病、黄瓜菌核病、黄瓜细菌性角斑病、黄瓜蔓枯病、黄瓜灰霉病、黄瓜猝倒病、黄瓜病毒病、瓜类蔬菜根结线虫病、西瓜枯萎病等病害。

### 1. 黄瓜霜霉病

(1)症状识别　苗期、成株期均可发病。主要为害叶片。子叶被害初呈褪绿色黄斑,扩大后变黄褐色。真叶染病,叶缘或叶背面出现水浸状病斑,早晨尤为明显,病斑逐渐扩大,受叶脉限制,呈多角形淡褐色或黄褐色斑块,湿度大时叶背面或叶面长出灰黑色霉层,后期病斑破裂或连片,致叶缘卷缩干枯,严重的田块一片枯黄(图 5)。

(2)发病规律　南方或北方有温室、塑料棚地区周年均可种植黄瓜,病菌在病叶上越冬或越夏;夜间由 20℃逐渐降到 12℃,叶面有水 6 小时,或夜温由 20℃逐渐降到 10℃,叶面有水 12 小时,此菌才能完成发芽和侵入。田间始发期均温 15～16℃,流行气温 20～24℃,低于 15℃或高于 30℃发病受抑制。

(3)防治方法

①选用抗病品种:露地可选津研 2 号、4 号、6 号、7 号,露地 2 号,早丰 1 号等新品种。保护地可选用津杂 2 号、4 号,津春 2 号、3 号,济杂 1 号,8102,甘杂 828,沪 5 号,503,中农 5 号、7 号,鲁黄瓜 4 号,农诚 3 号,山东 87-2,碧春等品种。

②农业防治:采用电热或加温温床育苗,温度较高、湿度低,无结露发病少;定植要选择地势高、平坦、易排水地块,采用地膜覆盖,降低棚内湿度;生产前期,尤其是定植后结瓜前应控制浇水,并

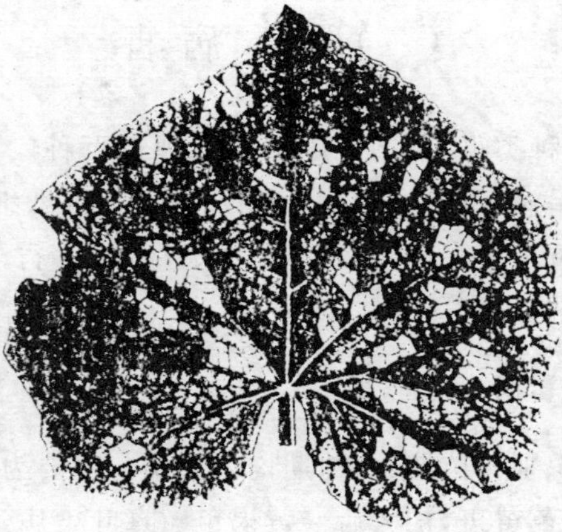

图 5　黄瓜霜霉病

改在上午进行，以降低棚内湿度；适时中耕，提高地温。

③药剂防治：保护地棚室可选用烟雾法或粉尘法。烟雾法，在发病初期每亩用 45％百菌清烟剂 200 克，分放在棚内 4～5 处，用香或卷烟等暗火点燃，发烟时闭棚，熏 1 夜。发现中心病株后首选 70％乙膦·锰锌可湿性粉剂 500 倍液或 72.2％普力克水剂 800 倍液、72％杜邦克露或克霜氰或霜脲锰锌可湿性粉剂 600～700 倍液、72％霜霸可湿性粉剂 700 倍液、72％霜疫清或 56％霜霉清可湿性粉剂 750 倍液、75％百菌清可湿性粉剂 600 倍液、64％杀毒矾可湿性粉剂 400 倍液，每亩喷药液 60～70 升，隔 7～10 天 1 次。

### 2. 黄瓜黑星病

(1)症状识别　黑星病可为害叶片、茎蔓、卷须和瓜条，嫩叶、嫩茎、幼果被害严重。幼苗期发病，子叶上产生黄白色圆形斑点，心叶枯萎，幼苗停止生长，严重时全株枯死。成株期发病，叶片上病斑近圆形,直径1～2毫米,淡黄褐色,后期病斑扩大,易星状破裂。叶脉受害,病部组织坏死,褐色,周围组织继续生长,致使叶片扭皱。茎、卷须、叶柄、果柄上的病斑长梭形,大小不等,淡黄褐色,中间开裂、下陷,有时病斑可连接成长条状,病斑可分泌琥珀色胶状物,潮湿时病部长出灰黑色霉层。

(2)发病规律　病菌以菌丝体随病残体在土壤中或随有病的卷须越冬。病菌的主要传播途径是靠田间风雨、气流、农事作业重复侵染传播。发病温度为9～30℃,相对湿度85%以上;发病最适宜温度为17℃,相对湿度90%以上。夏季连续冷凉多雨,容易发病,秋季多雨的秋茬黄瓜,病害也重。

(3)防治方法

①选用抗病品种:如中农7号、11号、13号,吉杂2号,宁阳大刺等抗病抗品种。

②种子及苗床消毒:用55℃温水浸种15分钟,或25%多菌灵可湿性粉剂300倍液浸种1～2小时,洗净后催芽播种,或用种子量0.3%的50%多菌灵可湿性粉剂拌种。苗床土每平方米用25%多菌灵可湿性粉剂16克,均匀撒在土里再播种。

③药剂防治:发病初期用40%福星乳油8 000～10 000倍液、50%多菌灵可湿性粉剂600倍液、50%扑海因可湿性粉剂1 000倍液、70%代森锰锌可湿性粉剂500倍液或30%特富灵可湿性粉剂1 500倍液喷雾,每隔7～10天喷1次,连续防治2～3次。

### 3.黄瓜白粉病

(1)症状识别　主要为害黄瓜的叶片,也为害叶柄、茎蔓,而瓜果则较少染病。幼苗期即可受侵染,两片子叶开始出现星星点点的褪绿斑,逐渐发展可使整个子叶表面覆盖一层白色粉状物。幼茎也有相似症状(图6)。

(2)发病规律　病菌随病株残体组织遗留在田间越冬或越夏。

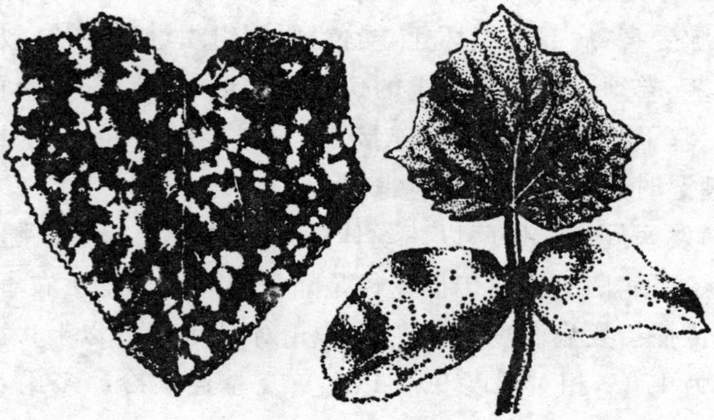

1 2

图6 黄瓜白粉病

1.病叶 2.病苗

在环境条件适宜时,病菌通过气流传播或雨水反溅至寄主植物上,从寄主表皮直接侵入,引起初次侵染。病菌喜温暖潮湿的环境,适宜发病的温度范围 10～35℃,最适发病环境为日均温度 20～25℃,相对湿度 45%～95%,最适感病生育期在成株期至采收期。发病潜育期 5～8 天。

(3)防治方法

①选用抗、耐病品种:如宝杨 5 号、津研 4 号、协作 17 等。

②农业防治:高畦种植,合理密植,有利于通风透光。

③药剂防治:在发病初期开始喷药,药剂可选用 10%世高水溶性颗粒剂 1 000～1 200 倍液(每亩 280～100 克)、40%福星乳油 4 000～6 000 倍液(每亩 15～20 克)、62.25%大生可湿性粉剂 600 倍液、15%粉锈宁可湿性粉剂1 000 倍液(每亩用量 100 克)、40%达科宁悬浮剂 600～700 倍液(每亩 170～140 克),隔 7～10 天喷 1 次,连续喷 3～4 次。

4.黄瓜菌核病

(1)症状识别　主要为害果实和茎蔓。果实染病先呈水浸状腐烂,并长出白色菌丝,后菌丝结成黑色菌核。茎蔓染病初期在近地面的茎部或主侧枝分杈处,产生褪色水浸状斑,后逐渐扩大呈淡褐色,高湿条件下,病茎软腐,长出白色棉毛状菌丝(图7)。

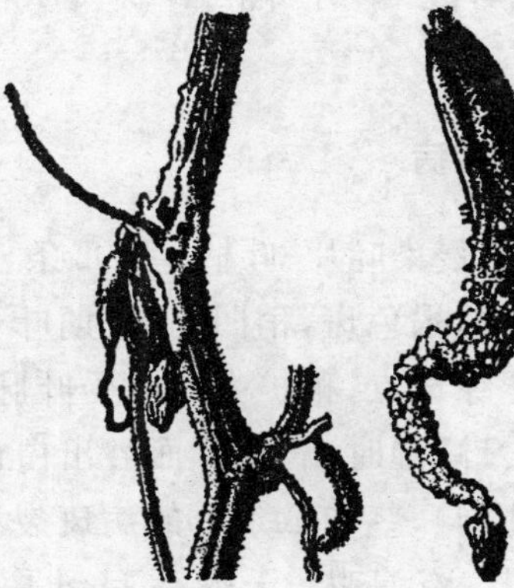

图7　黄瓜菌核病病蔓及病瓜

(2)发病规律　病菌以菌核随病残体遗落土壤中,或混杂种子中越冬。第二年遇有适宜条件,萌发出子囊盘伸出土表,萌发的子囊孢子多从寄主下部衰老的叶和花瓣侵染,使其腐烂、脱落。脱落的病叶和花瓣附着在无病的茎、叶上,引起新的侵染而发病。菌核还可以生长菌丝,直接侵染寄主接近地面的茎和叶。黄瓜菌核病只要土壤湿润,平均气温5～30℃、相对湿度85%以上,均可发病。

(3)防治方法

①农业防治:夏季把病田灌水浸泡半个月,或收获后及时深翻,深度要求达到20厘米。

②物理防治:播前用10%盐水漂种2～3次,汰除菌核。

③种子处理：种子用50℃温水浸种10分钟，即可杀死菌核。

④药剂防治：棚室出现子囊盘时采用烟雾，用10%速克灵烟剂或45%百菌清烟剂，每亩1次250克，熏1夜，隔8～10天1次。露地喷洒50%速克灵可湿性粉剂1 500倍液或50%扑海因可湿性粉剂1 500倍液、70%甲基硫菌灵（甲基托布津）可湿性粉剂1 000倍液、40%菌核净可湿性粉剂800倍液、60%防霉宝超微粉600倍液喷雾，每亩药液60升，隔8～9天1次，连续防治3～4次。

### 5. 黄瓜细菌性角斑病

（1）症状识别　可侵染叶片、叶柄、茎、瓜条，苗期发病时，子叶上形成圆形和半圆形的褐色斑，稍凹陷，后期叶干枯，成株期叶片上初见水渍状圆形褪绿斑点，稍扩大后因受叶脉限制呈多角形褐色斑，外绕黄色晕圈。潮湿时，病斑背面溢出白色菌脓，干燥时病斑干裂，形成穿孔（孔洞），茎和瓜条上的病斑裂溃烂，瓜条蒂部受害，甚至烂到种子上，有臭味，干燥后呈乳白色，并留有裂痕（图8）。

（2）发病规律　病菌在种子上或随病残体在土壤越冬。土壤中的细菌靠灌水时飞溅传播，新产生的细菌靠风雨、农事操作、昆虫等传播。病苗从伤口、气孔、水孔侵入寄主，发生为害。黄瓜细菌性角斑病适宜温度为25～28℃，空气相对湿度在75%以上；温度高于35℃或低于12℃不易发病。在高温多雨、地势低洼积水、重茬、过于密植、肥水管理不严都易引起发病。

（3）防治方法

①选用抗病品种：如津春1号、津研4号、中农11号、中农13号、新泰密刺等抗病品种。

②浸种消毒：用50℃的温水浸种20分钟，然后捞出放在凉水中浸4～6小时，再催芽播种；也可用72%农用链霉素3 000～

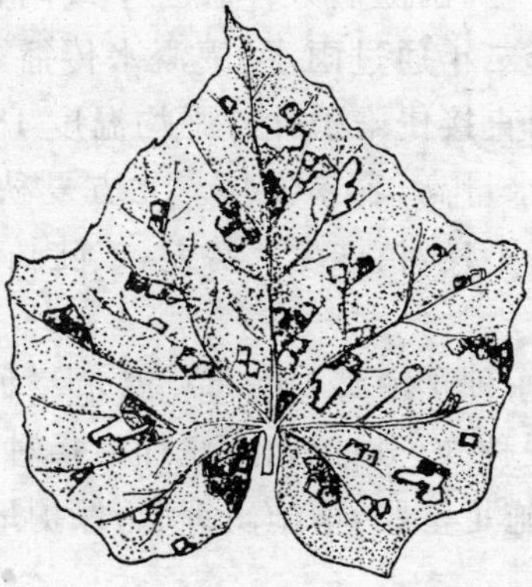

图 8　黄瓜细菌性角斑病

4 000 倍液浸种 2 小时或用 40%甲醛 150 倍液浸种 90 分钟，清水冲洗后催芽播种，均可起到对种子消毒的作用。

③农业防治：与非瓜类作物实行 2 年以上轮作，冬季棚室生产时，注意调温调湿，有利于控制病情，可减轻为害。

④药剂防治：发病初期及时进行药剂防治。可选用 72%农用链霉素 4 000 倍液、新植霉素 4 000 倍液、50%DT 杀菌剂 800 倍液、50%绿得保可湿性粉剂 500 倍液、27%铜高尚悬浮剂 400 倍液进行喷雾，每 7～10 天喷 1 次，连喷 2～3 次。

### 6. 黄瓜蔓枯病

(1)症状识别　叶茎都能被害，叶片受害后产生近圆形或不规则形的大型病斑，有的病斑自叶缘向内发展呈“V”字形或半圆形，淡褐色，后期病斑易破碎，常龟裂，干枯后呈黄褐色至红褐色，病斑上密生黑色小点。叶柄、瓜蔓或茎基部被害时，病斑呈油浸状，圆形至梭形，黄褐色，有时溢出琥珀色树脂样胶状物。病害严重时茎节变黑，腐烂、折断。

(2)发病规律　病菌随病残体在土中或附在种子、架杆、温室大棚架上越冬。第二年通过雨水、灌溉水传播,从气孔、水孔或伤口侵入。种子带菌直接侵染子叶。平均温度18～25℃,相对湿度85%以上,土壤含水量高,容易发病。北方夏秋季、南方春夏季流行。大棚温室通风不良,植株生长势差,或陡长,都容易发病。

(3)防治方法

①无病株采种;种子消毒,用55℃温水浸种15分钟,或40%甲醛100倍溶液浸种30分钟,清水洗净后播种。

②农业防治:施足基肥,增施磷钾肥,保护地注意通风降湿,增强植株抗性。

③药剂防治:发病初期喷洒75%百菌清可湿性粉剂600倍液,或65%代森锌可湿性粉剂500倍液,或50%甲基托布津可湿性粉剂500倍液,或50%多菌灵可湿性粉剂500倍液,大棚温室可用30%百菌清烟剂每亩250克熏烟,7～10天施药1次,连续防治2～3次。

### 7.黄瓜灰霉病

(1)症状识别　主要为害果实。先侵染花,花瓣受害后易枯萎、腐烂,尔后病害向幼瓜蔓延,花和幼瓜蒂部初呈水浸状,病部褪色,渐变软,表面生有灰褐色霉层,病瓜腐烂。叶部病斑初为水浸状,后呈浅灰褐色,病斑中间有时生出灰色斑,潮湿时被害部可见灰褐色霉状物。

(2)发病规律　病菌依附着在病残体上,或遗留在土壤中越冬成为第二年的初侵染源。病菌靠风雨、气流、灌水等农事作业传播蔓延。光照不足、高湿、较低温(20℃左右)是灰霉病蔓延的重要条件。北方春季连阴天多的年份,气温偏低、棚室内湿度大,病害重。长江流域3月中旬以后棚室温度在10～15℃之间,加上春季多雨,病害蔓延迅速。气温高于30℃或低于4℃,相对湿度94%以下病害停止。

(3)防治方法

①农业防治:清除病残体。收获后彻底清除病残株,深翻 20 厘米以上。发病初期摘除病花、病瓜、病叶,及时深埋。

②药剂防治:发病初期开始药剂喷雾,可选用 50%速克灵可湿性粉剂 2 000 倍液、50%扑海因可湿性粉剂 1 500 倍液、50%福美双 600 倍液、75%百菌清可湿性粉剂 600 倍液、50%多菌灵可湿性粉剂 500 倍液、武夷菌素 150 倍液,每隔 7～10 天喷 1 次,连续 2～3 次。

### 8. 黄瓜猝倒病

(1)症状识别　幼苗未出土或出土后均可发病。未出土时发病,胚茎和子叶腐烂。出土后幼苗发病,幼茎基部初呈水渍状病斑,后变褐色,缢缩成线状,幼苗倒地死亡,死亡时子叶尚未凋萎,仍为绿色。高温高湿时,病株附近的表土可长出一层白色棉絮状菌丝。

(2)发病规律　病菌以卵孢子在土壤中越冬,条件适宜时,萌发产生游动孢子或直接侵入寄主,病菌腐生性很强,可在土壤中的病残体或腐殖质中以菌丝体长期存活。病菌借雨水或灌溉水的流动传播。幼苗发病后,病部不断产生孢子囊,借灌溉水向四周重复侵染,使病害不断蔓延。苗床低温、高湿是猝倒病发生蔓延的主要条件,连续 15℃以下的低温数天以上时,则易发生猝倒病。苗床光照弱,通气性差则发病严重。子叶苗到第一真叶阶段,最易发病,其真叶长大后发病较轻。

(3)防治方法

①选用抗病品种:可选用长春密刺,津研 6 号、7 号,津杂 2 号、3 号、4 号,津早 3 号,西农 58,早青 2 号,中农 5 号,龙杂黄 1 号,郑黄 2 号,湘黄瓜 1 号,郑黄 2 号,湘黄瓜 1 号、2 号,宁丰 1 号、

2号,鲁黄1号,早丰1号,春丰2号等较抗病品种。

②选用无病新土育苗:采用营养钵或塑料套分苗。改传统的土方育苗为营养钵或自制的塑料套分苗,便于培育壮苗,定植时不伤根,定植后缓苗快,增强抗病性。

③选择5年以上未种过瓜类蔬菜的土地,与其他蔬菜实行轮作。

④嫁接防病:选择云南黑籽南瓜或南砧1号作砧木,取计划选用的黄瓜品种做接穗,采用靠接或插接法,进行嫁接后置于塑棚中保温、保湿。白天控温度28℃,夜间15℃,相对湿度90%左右,经半个月成活后,转为正常管理。采用靠接法的,成活后要把黄瓜根切断,定植时埋土深度掌握在接口之下,以确保防效。

⑤加强栽培管理:施用充分腐熟肥料,减少伤口。提高栽培管理水平,浇水做到小水勤浇,避免大水漫灌,适当多中耕,提高土壤透气性,使根系茁壮,增强抗病力;结瓜期应分期施肥,切忌用未腐熟的人粪尿追肥。

⑥药剂防治:用有效成分0.1%的60%的防霉宝(多菌灵盐酸盐)超微粉浸种60分钟,捞出后冲净催芽;苗床消毒,每平方米苗床用50%多菌灵可湿性粉剂8克处理畦面;土壤消毒,用50%多菌灵可湿性粉剂每亩4千克,混入细干土,拌匀后施于定植穴内;在发病前或发病初期,用50%多菌灵可湿性粉剂500倍液、50%苯菌灵可湿性粉剂1 500倍液、50%甲基硫菌灵(甲基托布津)可湿性粉剂400倍液灌根,每株灌兑好的药液0.3~0.5升,此外,于定植后开始喷洒细胞分裂素500~600倍液,隔7~10天1次,共喷3~4次,可明显提高抗性。

### 9. 西瓜枯萎病

(1)症状识别　本病于苗期、伸蔓期至结果期都可以发生,以开花坐果期和果实膨大期为发病高峰,果实开始成熟时病害又趋于稳定。其典型症状是萎蔫。幼苗发病，子叶萎蔫或全株枯萎，呈猝倒状。开花结果后发病，病株叶片逐渐萎蔫，似缺水状，中午更为明显，早晚尚能恢复，数日后整株叶片呈褐色枯萎下垂，不能再恢复正常，叶片干枯，全株死亡。患病部位褐色腐烂，稍缢缩，茎基部纵裂，裂口处有时溢出琥珀色胶状物，将病茎纵剖，可见维管束呈黄褐色。在潮湿环境下，病部表面常产生白色及粉红色霉状物（图 9）。

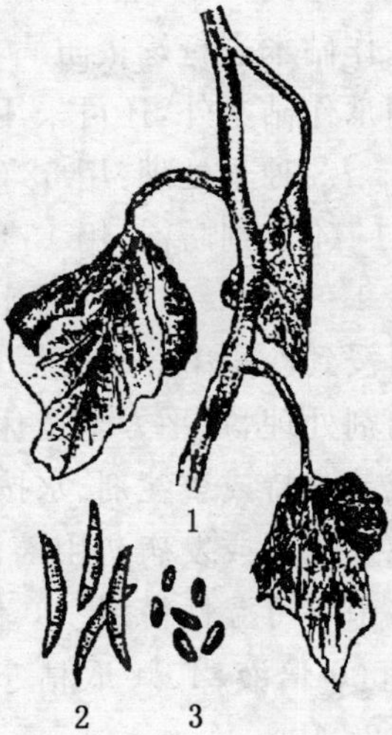


**图 9　瓜类枯萎病**

1. 症状　2. 大型分生孢子　3. 小型分生孢子

（2）发病规律　病菌主要以菌丝和厚垣孢子在土壤、病残体、种子及未腐熟的带菌粪肥中越冬，成为翌年的初侵染来源。病菌的生活力极强，在土壤中可存活 5～6 年。病菌通过根部伤口或直接侵入，枯萎病在田间的传播主要靠灌溉水、土壤耕作及地下害虫和土壤线虫。瓜类枯萎病是一种土传病害，其发生与土壤性质、耕作栽培、灌水施肥等密切相关。连作地病重，轮作地病轻；酸性土壤、土质黏重、地势低洼、排水不良、土壤冷湿、土层瘠薄、耕作粗放、整地不平、平畦栽培、浇水过多等均有利于发病。不同品种的抗病性有一定差异。

（3）防治方法

①选用抗病品种：因地制宜筛选一些较抗病的良种。黄瓜品种有津研 5 号、津研 7 号、春丰 2 号、早丰 2 号、中农 5 号等。西瓜品种有伊姆、多利、京欣 1 号、京抗 1 号、京抗 2 号、京抗 3 号、郑抗 1 号、郑抗 2 号、郑抗 3 号等。

②农业防治：合理轮作，最好与非瓜类作物轮作 6～7 年，一般

地应达到3年以上。增施腐熟的有机肥。目前,黄瓜采用黑籽南瓜作砧木进行嫁接防病,多采用靠接或插接法进行;西瓜除用黑籽南瓜作砧木外,还可采用葫芦进行嫁接。

③种子处理:用52℃温水浸种10分钟,催芽播种。

④药剂防治:用15%多菌灵、25%～30%盐酸、0.1%平平、水按1∶5∶0.5∶500的比例配制后常温下浸种1小时,捞出冲洗后再浸到冷水中3小时后,催芽播种。播前重病地或苗床地要进行药剂处理,每平方米苗床用50%多菌灵8克处理畦面;用多菌灵或苯莱特或重茬剂、水按1∶100的比例配成药土施于定植穴内。在发病前或发病初用药液灌根,用25%苯来特可湿性粉剂、25%多菌灵可湿性粉剂400倍液、70%甲基托布津可湿粉剂1 000～1 500倍液、40%瓜枯宁1 000倍液,隔7～10天1次,每株灌0.25升。

## 10.黄瓜病毒病

(1)症状识别

①花叶病毒病:幼苗期感病,子叶变黄枯萎,幼叶为深浅绿色相间的花叶,植株矮小。成株期感病,新叶为黄绿相间的花叶,病叶小,皱缩,严重时叶反卷变硬发脆,常有角形坏死斑,簇生小叶。病果表面出现深浅绿色镶嵌的花斑,凹凸不平或畸形,停止生长,严重时病株节间缩短,不结瓜,萎缩枯死。

②皱缩型病毒病:新叶沿叶脉出现浓绿色隆起皱纹,叶形变小,出现蕨叶、裂片;有时沿叶脉出现坏死。果面产生斑驳,或凹凸不平的瘤状物,果实变形,严重病株引起枯死。

③绿斑型病毒病:新叶产生黄色小斑点,以后变淡黄色斑纹,绿色部分呈隆起瘤状。果实上生浓绿斑和隆起瘤状物,多为畸形瓜。

④黄化型病毒病:中、上部叶片在叶脉间出现褪绿色小斑点,

后发展成淡黄色，或全叶变鲜黄色，叶片硬化，向背面卷曲，叶脉仍保持绿色。

(2)发病规律　病毒可在种子、多年生杂草、保护地中越冬。靠蚜虫、田间操作和汁液接触传播。在高温、干旱、日照强的条件下发病重。

(3)防治方法

①选用抗病品种：北京大刺瓜、碧春、宁丰 4 号、夏盛、中农 6 号、京旭 2 号、鲁春 32 号、宁丰 1 号、宁丰 2 号。

②在无病区或无病植株上留种；播种前用 55℃温汤浸种 40 分钟，或把种子在 70℃恒温下处理 72 小时。

③施足有机肥，增施磷、钾肥；适当多浇水，增加田间湿度；及时防治蚜虫；及时清洁田园。

④药剂防治：移栽后立即用“天达 2116”1 000 倍液＋天达裕丰 1 000 倍液喷雾和灌根，促苗防病。用“天达 2116”1 000 倍液＋天达裕丰 1 000 倍液、7.5%克毒灵水剂 600 倍液、20%病毒宁 500 倍液、宁南霉素水剂 500 倍液、0.5%抗毒剂 1 号 300 倍液、20%毒克星 500 倍液、83 增抗剂 100 倍液、6.5%菌毒清水剂 800 倍液等在定植后、初果期、盛果期各喷施一次。收获前 5 天停止用药。

### 11. 瓜类蔬菜根结线虫病

(1)症状识别　线虫主要为害根部。受害后，地上部轻者症状不明显，重者生长缓慢，植株矮缩黄化，结瓜小且少。在中午气温高时，植株呈萎蔫状态。拔出幼苗观察，在侧根和须根上有许多大大小小不同的肿瘤，也叫根结。根结一般为白色，后期变成淡褐色。剖开根结，病部组织有很小的乳白色线虫埋于其内部(图 10)。

(2)发病规律　以老龄幼虫排出的卵团在土壤中越冬。卵孵出的幼虫，即 2 龄幼虫在地温接近 20℃时，开始为害植株的幼根。

如土壤墒情适中，通透气又好，线虫可反复为害。线虫主要分布在5～30厘米深的土层，其中95%的线虫在表土20厘米以内。主要通过病土、病苗、灌水和农事操作传播。线虫喜温，但不喜过湿的土壤。一般线虫生存的土壤适宜温度为25～30℃，湿度为40%～70%，高于40℃或低于5℃时很少活动。55℃下经1分钟致死。根结线虫具好气性，地势高、质地疏松、盐分低、潮热的沙土或壤土利于线虫活动。

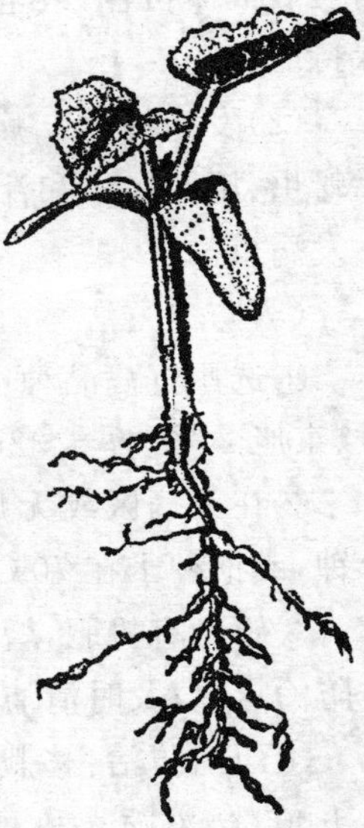

图10　瓜类线虫病

(3)防治方法

①农业防治：轮作换茬。在线虫病发生严重地块，可将芹菜、黄瓜和番茄等高感蔬菜与大葱、大蒜、韭菜、辣椒等抗(耐)病蔬菜轮作；培育无病壮苗；及时清除病残体；保护地换土。针对线虫主要集中在土表以下0～35厘米的特性，将保护地0～35厘米的土层换成无根结线虫的土壤层，有较好的效果。

②物理防治：水淹杀虫。对重病田灌水10～15厘米，保持1～3个月，使线虫缺氧窒息而死，可有效抑制线虫的侵染和繁殖。

高温杀虫。前茬收获后深翻菜地，利用7、8月的高温，用塑料薄膜平铺地面压实保持10～15天，使土壤10厘米深处地温达30～40℃，可有效杀灭各种虫态的线虫。

③药剂防治：在作物定植以后若发现线虫，可用50%的辛硫磷乳油1 000倍液，或2.5%阿维菌素乳油2 000倍液灌根，每株用药剂300～500毫升。往年发病严重的田块，秧苗定植前用3%米乐尔颗粒剂5千克/亩混细土50千克均匀撒施，深耙25厘米。

## (三)黄瓜病虫害周年防治历

### 1. 播种前

(1)选择非瓜类连作田育苗　清除前茬作物的残枝烂叶及病虫残体,施足基肥。

(2)棚室消毒

①每亩用硫磺粉2～3千克加敌敌畏0.25千克,拌锯木粉分堆点燃,闭棚熏蒸一昼夜后放风或百菌清烟剂200～300克/亩熏蒸,隔5天再熏1次。操作用的农具同时放入棚内消毒。

②保护地栽培可在夏季高温季节深翻地25厘米以上,然后铺地膜,持续10～15天。消毒用50%多菌灵按1∶100配成毒土,每平方米用1.25千克,撒于地面与土壤拌匀。或用25%甲霜灵可湿性粉剂与70%代森锰锌可湿性粉剂按9∶1混合,每平方米用药8～10克与10～30千克细土混合,播种时1/3铺作苗床土,2/3盖在种子上。使用穴盘和营养钵育苗,应用从未种过瓜类的新土,同时进行土壤消毒。

(3)选用抗病、耐病品种　根据当地病虫发生情况选用相应抗耐病品种。深冬一茬黄瓜品种有新泰密刺(山东品种,品质好,抗枯萎病,对霜霉病、白粉病耐性强)、山东密刺(抗枯萎病、疫病和细菌性角斑病,对霜霉病耐性强)、长春密刺(抗枯萎病,对霜霉病、白粉病抗性较弱)、津春3号(抗枯萎病,对霜霉病、白粉病、细菌性角斑病抗性一般)、津优3号(抗枯萎病、霜霉病、白粉病)。

塑料大棚黄瓜秋延后栽培:生育期110～120天。适合春季小棚、地膜覆盖、春秋露地及秋后栽培,主要品种有津研4号(较抗霜霉病、白粉病,不抗枯萎病、疫病)、秋棚1号(中国农业大学品种,较抗霜霉病、白粉病,对枯萎病抗性不如津研 4 号)、津杂 2 号(抗霜霉病、白粉病、疫病,注意防细菌性角斑病)、津春 4 号(抗霜霉病、白粉病、枯萎病)、津春 5 号(抗霜霉病、白粉病、枯萎病)。

(4)种子消毒

①温汤浸种:55℃温水浸种 15 分钟或 50℃温水浸种 20～30 分钟,可杀灭多种病菌。

②药剂处理:用 50%多菌灵可湿性粉剂 500 倍液浸种 2 小时或按种子重量的 0.4%拌种,也可用 50%福美双可湿性粉剂或 75%百菌清、25%甲霜灵可湿性粉剂、58%甲霜灵锰锌可湿性粉剂按种子重量的 0.3%～0.4%拌种以预防多种真菌性病害。预防细菌性病害,可用 72%农用硫酸链霉素可溶性粉剂 5 000 倍液浸种 2 小时。

### 2.幼苗期

主要虫害有蚜虫、白粉虱、美洲斑潜蝇、黄守瓜;主要病害有猝倒病、立枯病、疫病、枯萎病。

(1)农业措施

①控制苗床温度和湿度:白天温度 25～27℃,夜间不低于 12℃。采用高畦育苗,不要大水漫灌,苗床可撒少量干土或草木灰去湿,并适当通风,相对湿度控制在 90%以下。

②设防虫网阻虫:温室大棚通风口用尼龙纱网罩住,防止害虫进入。

③嫁接换根:以黑籽南瓜做砧木,黄瓜做接穗。黄瓜比南瓜早播种 2～3 天,当南瓜子叶完全展平,真叶初露,黄瓜有第一片真叶时进行嫁接。靠接或插接;嫁接口离开地面,预防枯萎病。

④露地育苗盖防虫网:防蚜虫、白粉虱,以预防病毒病。

⑤发现病苗，立即拔除。

(2)物理措施　铺银灰色地膜避蚜，每亩铺 5 千克，或把银灰膜制成 10～15 厘米宽的膜条，纵横拉网于植株上面。

(3)化学防治　可用 75%百菌清可湿性粉剂 500 倍液或 25%甲霜灵可湿性粉剂 600～800 倍液、40%乙磷铝可湿性粉剂 300～400 倍液、64%杀毒矾可湿性粉剂 500 倍液喷雾。保护地可使用 5%百菌清粉尘剂每亩用 1 千克或 45%百菌清烟剂每亩用 250 克，兼防猝倒病、疫病、枯萎病。

### 3. 定植至开花前期

主要虫害有蚜虫、白粉虱、美洲斑潜蝇；主要病害有霜霉病、白粉病、灰霉病、枯萎病、黑星病、炭疽病、疫病、菌核病、细菌性角斑病、蔓枯病等。

(1)农业措施

①彻底清理田园，去除残枝败叶，深翻土 30 厘米以上，减少菌源。

②保护地栽培采用消雾无滴膜覆棚。

③施用腐熟有机肥，并适时追肥。

④高畦栽培，降低土壤湿度。铺地膜或铺麦秸、麦糠降低空间相对湿度。

⑤选壮苗定植，带土带药移植，避免伤根。

⑥发现病叶及时摘除，带出田外集中处理。

(2)生物措施

①保护地内可释放丽蚜小蜂控制白粉虱。定植后当发现粉虱成虫时，即可开始放蜂卡。一般每亩每次放蜂量不少于 10 000 头。单株粉虱成虫超过 5 头时，可用药剂 1 次，压低基数，1 周后再放蜂。

②可选用1%农抗武夷菌素150～200倍液，喷雾防治灰霉病、白粉病兼治黑星病。

③72%农用硫酸链霉素4 000～5 000倍液或新植霉素可湿性粉剂4 000倍液，喷雾防治细菌性病害。

(3)化学防治

①在定植前视病害发生种类喷药保护，带药定植。

②保护地防治灰霉病可用5%灭克粉尘剂或6.5%万霉灵5号，每亩用1千克，可兼治蔓枯病。防治霜霉病选用5%霜克粉尘剂或5%霜霉威粉尘剂，每亩用1千克，可兼治疫病、炭疽病。还可用5%百菌清烟雾剂，每亩220～250克，于棚内分放5～6处，傍晚点燃闭棚，次日早晨通风。间隔7天用1次，连用2～3次。

③防治灰霉病、白粉病可选用65%甲霜灵可湿性粉剂800倍液或28%灰霉克可湿性粉剂500倍液、50%速克灵可湿性粉剂800～1 000倍液、50%扑海因可湿性粉剂600倍液喷雾。防治蔓枯病可用10%世高水分散粒剂1 500～2 000倍液或50%甲基硫菌灵可湿性粉剂600～800倍液，兼治黑星病、蔓枯病、炭疽病、菌核病。防治疫病、霜霉病可选用72%克露乳油600～800倍液或加瑞农1 500～2 000倍液，可兼治黑星病。

④防治细菌性病害，选用25%青枯灵可湿性粉剂500倍液喷雾。

### 4.开花结瓜期

主要虫害有蚜虫、白粉虱、美洲斑潜蝇；主要病害有霜霉病、白粉病、灰霉病、枯萎病、黑星病、炭疽病、疫病、细菌性角斑病等。

(1)农业措施

①高温闷棚：保护地霜霉病普遍发生初期，选择晴天上午，摘

掉离地面20厘米的重病叶，将植株较高的“龙头”下压，关闭大棚，温度计挂在黄瓜生长点同样高的位置，棚温保持44～46℃ 2小时，然后适当通风，使温度降到正常温度。闭棚前必须先浇水，且棚内的植株必须是经高温锻炼的壮苗。

②科学施肥：保护地晴天10～11时用二氧化碳肥，增加光合作用。结瓜可喷洒0.2%磷酸二氢钾、1%尿素并加等量糖液，再加水稀释(1∶1∶100)，补充营养。

③加强管理：结瓜期(25叶后)及时打顶尖(越冬茬除外)，结瓜后及时打掉失去功能的叶片，并摘除病叶、病瓜，减少菌源。

(2)生物措施　保护地内设置黄板诱杀白粉虱、蚜虫、美洲斑潜蝇。方法是在田间悬挂黄色硬纸板条，上涂一层机油，挂在高于植株顶部的地方。每亩放30～40块，当黄板粘满虫子时，再涂一次机油。一般7～10天重涂1次；用1%农抗武夷菌素150～200倍液防治白粉病、灰霉病、黑星病；用0.9%虫螨克可溶性水剂3 000倍液防治叶螨，兼治美洲斑潜蝇；防治根结线虫，用1.8%阿维菌素3 000倍液灌根，每株300毫升。

(3)生态控制　控制保护地栽培温湿度，上午温度控制在28～32℃，最高不超过33℃，湿度60%～70%，下午温度20～25℃，湿度60%左右；上半夜湿度低于85%，温度15～20℃，下半夜湿度超过85%时，温度降到13℃以下。采用上述管理可有效抑制霜霉病、灰霜病、细菌性角斑病的发生。

(4)化学防治

①防治白粉病、霜霉病、灰霉病等真菌性病害及细菌性病害：方法同定植至开花前期。

②枯萎病：发生初期，可用50%多菌灵可湿性粉剂500倍液或50%甲基托布津可湿性粉剂800倍液、70%甲基托布津1 200倍液灌根，每株灌药液0.25千克。

③防治疫病可用72.2%普力克水剂800倍液或64%杀毒矾可湿性粉剂500倍液、70%甲基硫菌灵可湿性粉剂与50%扑海因可湿性粉剂1∶1混合500倍液喷雾。防治细菌性叶枯病可用50%琥胶肥酸铜可湿性粉剂500倍液。

④防治蚜虫、美洲斑潜蝇:可用10%大功臣可湿性粉剂1 000倍液或2.5%功夫乳油2 000倍液、10%吡虫啉可湿性粉剂3 000倍液喷雾。

# 二、茄果类病虫害

## （一）茄果类虫害

茄果类蔬菜虫害主要有桃蚜、烟粉虱、烟青虫、茄十八星瓢虫、野蛞蝓、棉铃虫、茶黄螨、蝼蛄等害虫。

### 1. 桃蚜

桃蚜是多食性害虫，寄主多达 352 种。主要为害番茄、茄子、马铃薯、菠菜、白菜等蔬菜，也为害桃、李、杏、樱桃等蔷薇科果树。

（1）为害特点　蚜虫的成虫、若虫均以刺吸式口器吸食植物汁液。可成群密集在菜叶上，造成植株严重失水和营养不良。当蚜虫群集在幼叶上，可使叶片变黄、卷曲，轻则不能正常生长，对留种株可为害嫩茎、花梗和嫩茎，使花梗扭曲变形，影响结实。蚜虫除本身吸食作物汁液，造成为害外，还可传播多种病毒病，只要蚜虫吸食过感病植株，再飞到无病植株上，短时间即可完成传毒，因而蚜虫传毒造成的损失和危险性大于它本身为害所造成的损失。

（2）形态特征　无翅胎生雌蚜黄绿色或赤褐色，腹管较长，圆柱形，腹背光滑；有翅胎生雌蚜深褐色，腹背有黑斑（图 11）。

（3）发生规律　桃蚜一年发生 10～30 代。在北京地区一年发

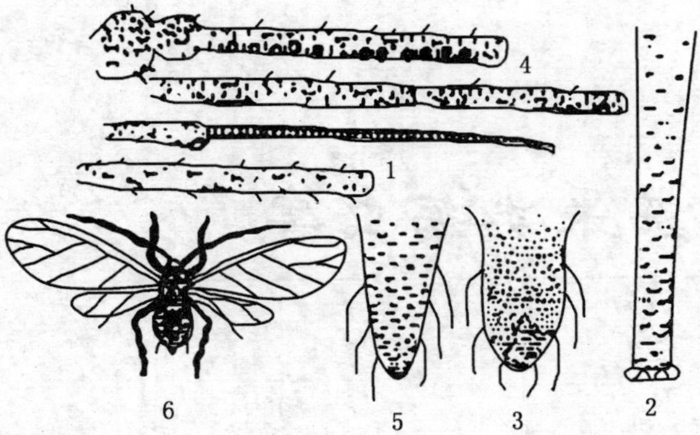


图 11　桃蚜

无翅孤雌蚜:1.触角　2.腹管　3.尾片

有翅孤雌蚜:4.触角　5.尾片　6.成虫

生 10 余代,以孤雌蚜在风障菠菜、窖藏白菜上或温室内越冬。次年 4 月下旬产生有翅蚜,迁飞到已定植的甘蓝、花椰菜上继续为害,各代平均历期 8 天。10 月下旬以孤雌胎生雌蚜的成虫或若虫越冬,靠近桃树的产生有翅桃蚜,飞返桃树交配产卵越冬。

桃蚜发生的最适温度为 24℃左右,超过 28℃对它不利。在适宜温度范围内,发育速度随温度增加而增加。相对湿度大于 80%或小于 40%都不利。

(4)防治方法

①生物防治:蚜虫的天敌很多,作用较大的有瓢虫、草蛉、蚜茧蜂、食蚜蝇、蚜霉菌等。

②物理防治:在棚室中设置黄板(20 厘米×30 厘米),每亩为 10～15 块,可诱杀蚜虫。并可根据诱到的数量来指导用药适期。蚜虫对银灰色有忌避性,在棚室上覆盖银灰色遮阳网或田间悬挂银灰色薄膜条,可驱除蚜虫,都可收到一定的效果。

③药剂防治：用苦参碱 0.04%水剂 400 倍液，在发生初期喷雾，隔 3～5 天 1 次，连喷 2～3 次；用 3%乳油除虫菊素兑水稀释成 800～1 200 倍液喷雾；50%辟蚜雾(抗蚜威)可湿性粉剂 2 000～3 000 倍液；2.5%溴氰菊酯乳油 2 000～3 000 倍液；20%速灭杀丁乳油 2 000～3 000 倍液；40%菊杀乳油 2 000～3 000 倍液；40%菊马乳油 2 000～3 000 倍液等。

**2.烟粉虱**

2000 年，全国 10 余个省市区均有不同程度发生，其中河北、北京、天津在蔬菜上发生严重，在棉花生产区为害也呈上升趋势。在北京，据调查，烟粉虱对黄瓜、番茄、茄子、甜瓜和西葫芦的为害损失，严重时可达 70%以上。

(1)为害特点　成、若虫刺吸植物汁液，受害叶褪绿萎蔫或枯死。使植株衰弱，并分泌蜜露，诱发煤污病，严重时叶片呈黑色，影响光合作用，同时还会传播病毒病。

(2)形态特征　成虫体长 1 毫米，白色，翅透明具白色细小粉状物。蛹长 0.55～0.77 毫米，宽 0.36～0.53 毫米(图 12)。

(3)发生规律　一年发生 10～12 代，几乎月月出现一次种群高峰，每代 15～40 天，夏季卵期 3 天，冬季 33 天。若虫 3 龄，9～84 天，伪蛹 2～8 天。成虫产卵期 2～18 天。每雌产卵 120 粒左右。卵多产在植株中部嫩叶上。成虫喜欢无风温暖天气，有趋黄性，气温低于 12℃停止发育，14.5℃开始产卵，气温 21～33℃，随气温升高，产卵量增加，高于 40℃成虫死亡。相对湿度低于 60%成虫停止产卵或死去。暴风雨能抑制其大发生，非灌溉区或浇水次数少的作物受害重。

(4)防治方法

①农业防治：培育无虫苗。育苗时要把苗床和生产温室分开，育苗前先彻底消毒，幼苗上有虫时在定植前清理干净，做到用作定

图 12 烟粉虱

植的幼苗无虫。注意安排茬口、合理布局。在温室、大棚内，番茄、茄子、辣椒等不要混栽，有条件的可与芹菜、韭菜、蒜、蒜黄等间套种，以防烟粉虱传播蔓延。

②生物防治：用丽蚜小蜂防治烟粉虱，当每株苗有粉虱 0.5～1 头时，每株放蜂 3～5 头，10 天放 1 次，连续放蜂 3～4 次，可基本控制其为害。

③药剂防治：早期用药在粉虱零星发生时开始喷洒 20％扑虱灵可湿性粉剂 1 500 倍液或 25％灭螨猛乳油 1 000 倍液、2.5％天王星乳油 3 000～4 000 倍液、10％扑虱灵 800 倍液、10％吡虫啉 1 500 倍液、2.5％功夫 1 500 倍液等药剂，每隔 2～3 天喷 1 次，连喷 3～4 次。2.5％功夫菊酯乳油 2 000～3 000 倍液、10％吡虫啉可湿性粉剂 1 500 倍液，隔 10 天左右 1 次，连续防治 2～3 次。棚室内发生粉虱可放烟剂，采用此法要严格掌握用药量，以免产生药害。

### 3.烟青虫

烟青虫主要为害青椒（甜椒、灯笼椒、柿椒、大椒、辣椒）、番茄、烟草等植物。

(1)为害特点　以幼虫蛀食蕾、花、果,也食害嫩茎、叶和芽。果实被蛀引起腐烂,造成大量落果。

(2)形态特征　成虫体长 15～18 毫米,翅展 27～35 毫米,体黄褐至灰褐色。前翅的斑纹清晰,内、中、外横线均为波状的细纹;雄蛾前翅黄绿色,而雌蛾为黄褐至灰褐色。后翅近外缘有 1 条褐色宽带。卵半球形,表面有 20 多条长短相间的纵棱。初产时乳白色,后为灰黄色,近孵化时为紫褐色。老熟幼虫体长 31～41 毫米,头部黄褐色(图 13)。

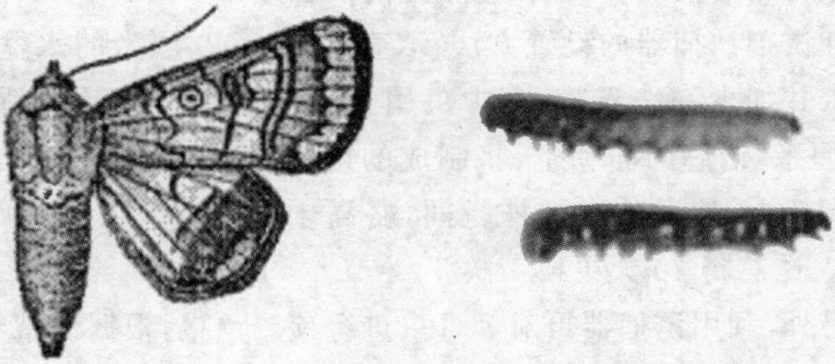

图 13　烟青虫

(3)发生规律　在华北 1 年 2 代,安徽、云南、贵州、四川、湖北等地每年发生 4～6 代。烟青虫在各地均以蛹在土中 7～13 厘米处越冬,一般在 4 月底至 6 月中旬越冬蛹羽化为成虫,在各地经不同世代后于 9～10 月份化蛹入土越冬。成虫卵散产,前期多产在寄主植物上中部叶片背面的叶脉处,后期产在萼片和果上。成虫可在番茄上产卵,但存活幼虫极少。幼虫昼间潜伏,夜间活动为害。发育历期:卵 3～4 天,幼虫 11～25 天,蛹 10～17 天,成虫 5～7 天。

(4)防治方法

①农业防治:冬春及时耕翻土地,通过机械杀伤、恶化越冬环

境、增加天敌取食机会等,达到减少越冬蛹的目的。及时打顶抹杈,可以降低田间虫口密度,减轻为害。

②物理防治:捕杀幼虫在幼虫为害期,于阴天或晴天的早晨到田间检查心叶及嫩叶,在新鲜虫孔或虫粪附近找出幼虫并杀死;在成虫盛发期可采用杨树枝把、黑光灯、高压汞灯或性诱剂、食物诱杀等方法。

杨树枝把的设置方法:取10～15枝2年生半枯萎杨树枝(长60～70厘米)捆成一束,竖立在田间地头,高出植株15～30厘米,用量每亩设7～10把,每天日出前用网袋套住枝把捕捉成虫。杨树枝把每周需换1次,以保持较强的诱虫效果。

性诱剂诱捕器的设置方法:取直径30～40厘米的水盆,盆中装满水并加少许洗衣粉,盆中央用铁丝串挂性诱芯,诱芯距水面1～2厘米,诱芯凹面朝下,将制成的诱捕器置于用木棍做成的简易三脚架上,然后放在植株行间,略高于植株。诱捕器两两相距50米。诱芯每20天更换1次。

另外,利用诱捕器可对烟青虫进行预测预报,根据诱蛾数量确定诱蛾高峰期,诱蛾高峰期后2～3天后为卵孵化盛期,也是田间用药的适宜时间。

诱杀成虫:在成虫盛发期,利用成虫趋化性,可用糖醋液(糖∶酒∶醋∶水＝6∶1∶3∶10),或甘薯、豆饼发酵液加入少量敌百虫,放置田间诱杀成虫。

③化学防治:幼虫3龄前,可选用下列药剂进行喷雾防治。90％晶体敌百虫1 000倍液、80％敌敌畏1 000～2 000倍液、50％杀螟松500～1 000倍液、50％辛硫磷500～1 000倍液,掌握多数幼虫在3龄以前施药,才能收到良好的效果。

④生物防治:注意保护天敌,充分发挥天敌的自然控制作用。利用生物制剂进行防治,如Bt制剂(每克含1亿活孢子)1 000倍液喷雾。

### 4. 茄十八星瓢虫

主要为害马铃薯、茄子、番茄、青椒、辣椒、扁豆、菜豆、大豆、黄瓜、南瓜、白菜、甜瓜、龙葵等植物。

(1)为害特点　均以幼虫、成虫为害寄主植物的叶片、果实和嫩茎。被害叶片仅残留上表皮，形成许多不规则透明的凹纹，后呈现褐色斑痕，叶片斑痕过多则导致枯萎；受害果、瓜，不仅减产，而且被啃食部分变硬，并有苦味，失去商品价值。

(2)形态特征　成虫体长 7 毫米，半球形，赤褐色，全身密生黄褐色绒毛，共 28 个黑斑；卵长约 1.5 毫米，纺锤形，初产时淡黄褐色，上有纵纹，卵块中卵粒排列较松散；幼虫体长 9 毫米，淡黄色，纺锤形，中央膨大，背面隆起，每枝刺上有小刺 6～8 根，枝刺基部有黑斑；蛹为裸蛹，长 6～7 毫米，椭圆形，背面隆起，体色淡黄(图 14)。

(3)发生规律　在 1 年发生多代，在北京地区 1 年发生 2 代，以成虫群集在背阴向阳的山洞中、石缝内、树皮下、屋檐下、篱笆下、土穴内及各种缝隙中越冬，也喜欢在背风向阳的山坡或半丘陵地群集越冬，土质以沙质壤土最适合。在土中越冬深度为 3～6 厘米。

第二年 5 月中、下旬，越冬代成虫恢复活动。先爬到附近杂草上栖居，以后相继飞到马铃薯、茄子、番茄、青椒上。6 月上、中旬为产卵盛期，6 月下旬至 7 月上旬为第 1 代幼虫为害期，7 月中、下旬为化蛹盛期，7 月底 8 月初为第 1 代成虫羽化盛期，8 月中旬为第 2 代幼虫为害盛期，8 月下旬开始化蛹，羽化的成虫自 9 月中旬开始寻找越冬场所，10 月上旬开始越冬。

成虫产卵最适宜的温度为 22～28℃，30℃以上，即使产卵也不能孵化，16℃以下不产卵。

(4)防治方法

①人工防治：人工捕捉成虫，摘除卵块，利用成虫集中越冬和

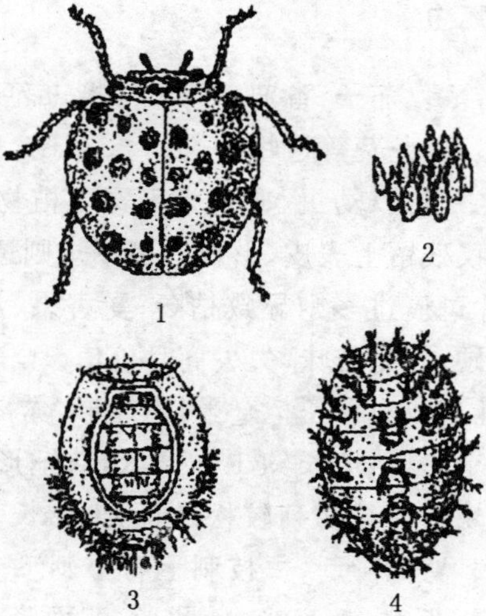

图 14 茄二十八星瓢虫

1.成虫 2.卵 3.幼虫 4.蛹

假死习性，早春在越冬场所可抓到大量过冬成虫。6 月份当成虫大量向马铃薯地迁移时，趁早晨有露水时，可在田间捕捉成虫。此虫产卵集中，颜色鲜艳，易于发现，易于摘除。

②药剂防治：应在幼虫分散前进行。可用 90%敌百虫晶体或 50%辛硫磷乳剂 1 000 倍液，2.5%溴氰菊酯乳油 3 000 倍液，2.5%功夫乳油 4 000 倍液，40%菊杀乳油 3 000 倍液，40%菊马乳油 2 000～3 000 倍液喷雾。

### 5.野蛞蝓

野蛞蝓属于一种软体动物，又称旱螺、黏液虫、鼻涕虫等。主要为害多种蔬菜。

(1)为害特点　苗期为害，叶片出现孔洞，严重时吃掉生长点，植株叶片出现孔洞。

(2)形态特征　老熟幼体体长20～25毫米，柔软光滑无外壳，暗灰色、灰红色或黄白色。幼体形似成体，全身淡褐色(图15)。

图15　野蛞蝓

(3)发生规律　以成虫体或幼体在作物根部湿土下越冬。5～7月在田间大量活动为害，入夏气温升高，活动减弱，秋季气候凉爽后，又活动为害。完成一个世代约250天。野蛞蝓怕光，强光下2～3小时即死亡，因此均夜间活动，从傍晚开始出动，晚上10～11时达高峰，清晨之前又陆续潜入土中或隐蔽处。耐饥力强，在食物缺乏或不良条件下能不吃不动。阴暗潮湿的环境易于大发生，当气温11.5～18.5℃，土壤含水量为20%～30%时，对其生长发育最为有利。

(4)防治方法　为害初期，每亩用6%蜜达颗粒剂500～700克，拌细沙10～15千克撒施，只可施用1次，防治效果较好；或向苗床上洒茶枯液进行触杀(茶枯粉1千克兑水10千克煮沸半小时，揉撮过筛后取澄清液，再兑水60千克拌匀)。也可用70～100倍的氨水，于晚上洒于植株附近；或用灭蛭灵800～1 000倍液喷施防治。

### 6. 棉铃虫

棉铃虫是多食性害虫，寄主植物有250多种，对蔬菜主要为害番茄，其次是茄子，也为害豆类、甘蓝、白菜。也为害棉花、玉米、小麦、烟草、向日葵等大田作物。

(1)为害特点　为害番茄时，以幼虫蛀食蕾、花、果为主，也可食害嫩茎、叶和芽。蕾受害时，苞叶张开，变成黄绿色，2～3 天后脱落。幼果常被吃空或引起腐烂而脱落。成果被蛀食后，因蛀孔易于雨水、病菌流入而导致腐烂脱落。是番茄减产的主要原因。

(2)形态特征　成虫体长 15～17 毫米，翅展 27～28 毫米，正面肾形斑、环形斑各横线不太清晰。中横线由肾形斑下斜伸至翅后缘，末端达环形斑正下方。外横线斜向后伸达肾形斑正方。后翅黑褐色宽带的内侧没有一条平行线，后翅翅脉黑褐色；卵为半球形，卵壳上有网状花纹，卵初产时为乳白色；老熟幼虫体长 30～42 毫米。体色变化很大，有淡绿色、绿色、黄白色、淡红色、黑紫色；蛹长为 17～21 厘米，纺锤形，黄褐色，腹部末端有 1 对刺，基部分开（图 16）。

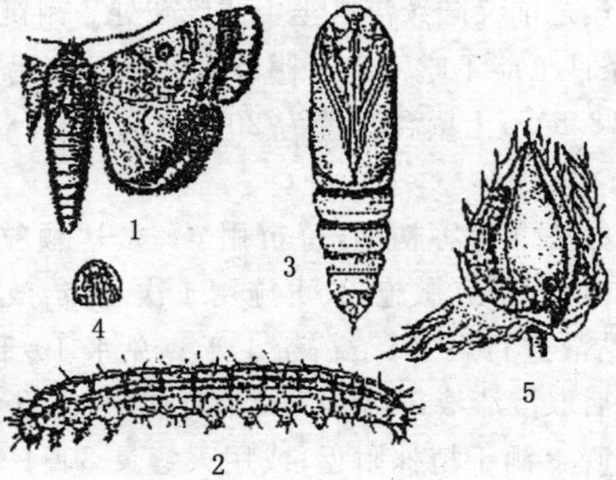


图 16　棉铃虫

1.成虫　2.幼虫　3.蛹　4.卵　5.被害状

(3)发生规律　棉铃虫在北京地区 1 年发生 4 代。棉铃虫以蛹在晚秋寄主附近土中越冬。4 月中、下旬越冬蛹开始羽化，5 月上、中旬为羽化盛期，产卵于番茄、豌豆、小麦上。卵盛期为5月中旬至下旬，第1代为害轻，第2代为主要为害世代。卵盛期为6月中、下旬，幼虫为害盛期为6月下旬至7月上、中旬。第3代卵高峰在7月下旬，发生轻，主要为害夏播茄子和塑料棚内秋番茄。第4代卵高峰出现。在8月下旬至9月上旬，幼虫为害盛期9～10月上、中旬，主要为害秋棚和温室番茄。第4代老熟幼虫大部分在10月底前入土化蛹越冬。

对黑光灯有较强的趋性，对新枯萎的杨树枝有趋集性，对草酸和蚁酸有强烈的趋化性。但对糖醋的趋化性很弱。幼虫具假死和自残性。

(4)防治方法

①农业防治：翻耕灭蛹。翻耕土地可消灭大量的蛹，以减少虫源；在番茄田中或地边种植少量玉米，用以诱蛾产卵，减少番茄上卵量；结合整枝、打枝可摘除部分虫、卵。

②诱杀成虫：每亩地块设黑光灯一盏，可诱杀大量成虫，雌蛾占42%，其中83%是尚未产卵或正在产卵的雌蛾。因此点灯区田间卵量明显下降。

③潜所诱杀：利用害虫有选择特定条件潜伏的习性进行诱杀，如杨树枝把诱棉铃虫成虫。

④生物防治：棉铃虫的自然天敌有20多种，棉铃虫卵的寄生天敌有拟澳洲赤眼蜂、玉米螟赤眼蜂、松毛虫赤眼蜂；幼虫寄生性天敌有姬蜂、茧蜂；蛹的寄生天敌有茧蜂、姬峰和寄生蝇；棉铃虫的捕食性天敌有蜘蛛、胡蜂、瓢虫、草蛉、蛙类。在主要为害世代产卵高峰后3～4天及6～8天，喷两次Bt乳剂(每克含活孢子100亿个)250～300倍液，对3龄前幼虫有较好的防治效果。

⑤药剂防治：应在主要为害世代的卵孵化盛期，以上午为宜，重点喷洒植株上部。可选用50%辛硫磷乳油1 000倍液或2.5%敌杀死乳油、20%杀灭菊酯乳油、2.5%功夫乳油、2.5%天王星乳油、5%

来福灵乳油、10%氯氰菊酯乳油等2 000～4 000倍液喷雾。

### 7.茶黄螨

茶黄螨主要为害黄瓜、番茄、茄子、青椒、豇豆、菜豆、马铃薯等多种蔬菜。

（1）为害特点　以成螨和幼螨集中在蔬菜幼嫩部分刺吸为害。受害叶片背面呈灰褐或黄褐色，油渍状，叶片边缘向下卷曲；受害嫩茎、嫩枝变黄褐色，扭曲变形，严重时植株顶部干枯；果实受害果皮变黄褐色。茄子果实受害后，呈开花馒头状。主要在夏、秋露地发生。

（2）形态特征　雌成螨体长约0.21毫米，呈椭圆形，淡黄至橙黄色，半透明。身体分节不明显，足较短，第4对足纤细，其跗节末端有端毛和亚端毛；腹面后足体部有4对刚毛；假气门器官向后端扩展。卵长0.1毫米，长椭圆形，无色透明。卵面纵列6行气泡状小突起。幼螨椭圆形，淡绿色，头胸部近似成螨，腹部分为明显的3节，腹部末端呈圆锥形，有1对刚毛，3对足。

（3）发生规律　茶黄螨的每个世代的历期都很短。当气温为20～30℃时，完成1代只需4～5天；18～20℃时，也只需7～10天。露地甜椒受害远不及茄子严重。一般于6月下旬至7月中旬发生，8～9月份是为害高峰，10月份以后虫口数量随气温下降而减少。在露地条件下以成螨越冬；在温室内，可继续繁殖和为害。

茶黄螨有明显的趋嫩性，成螨和幼螨开始多栖息在嫩叶背面啃食叶肉。严重时转向嫩果为害。

茶黄螨生长发育和繁殖的最适温度为16～23℃，最适空气相对湿度为80%～90%。30℃以上的高温不利于其繁殖，大雨可减少虫口数量。

（4）防治方法

①农业防治：清除渠埂和田园周围的杂草，蔬菜采收以后要及

早拉秧，彻底清除田间的落果、落叶和残枝，并集中焚烧。在春季把白天的室温和棚温控制到 30℃ 以上，以减少露地的茶黄螨来源。

②药剂防治：喷药的重点要瞄准嫩茎、嫩叶、花和幼果，喷药时要喷头朝上，喷叶片背面。可用 20%三氯杀螨醇乳油 600～1 000 倍液，35%杀螨特乳油 1 000～1 500 倍液，25%灭螨猛可湿性粉剂 1 000 倍液，5%尼索朗乳油 2 000 倍液，1.8%阿维菌素乳油 4 000 倍液喷雾。

### 8.蝼蛄

蝼蛄分为华北蝼蛄和东方蝼蛄，可为害多种蔬菜，如茄科、豆科、十字花科、百合科、葫芦科，以及菠菜、莴苣、茴香等。

（1）为害特点　以成虫、若虫在土中咬食种子和幼芽，或将幼苗咬断，使幼苗枯死。受害的根部呈乱麻状，造成田间缺苗断垅。

（2）形态特征　华北蝼蛄与东方蝼蛄形态上区别见表 1 和图 17。

**表 1　华北蝼蛄和东方蝼蛄形态上的区别**

| 名称 | | 华北蝼蛄 | 东方蝼蛄 |
|---|---|---|---|
| 成虫 | 体长 | 身体粗大，体长 40～50 厘米 | 体小，体长 30～35 厘米 |
| | 体色 | 淡黄褐至黄褐色 | 淡黄褐至黑褐色 |
| | 前胸背板 | 中央有 1 个不明显凹陷 | 中央有 1 个不明显凹陷 |
| | 后足 | 腿部下缘弯曲，胫节背侧内缘有刺 1 个或消失 | 腿部下缘平直，胫节背侧内缘有刺 3～4 个 |
| 若虫 | 体色<br>前后足 | 黄褐色<br>5～6 龄以上同成虫 | 灰褐色<br>2～3 龄以上同成虫 |
| 卵 | 形状 | 椭圆形 | 长椭圆形 |

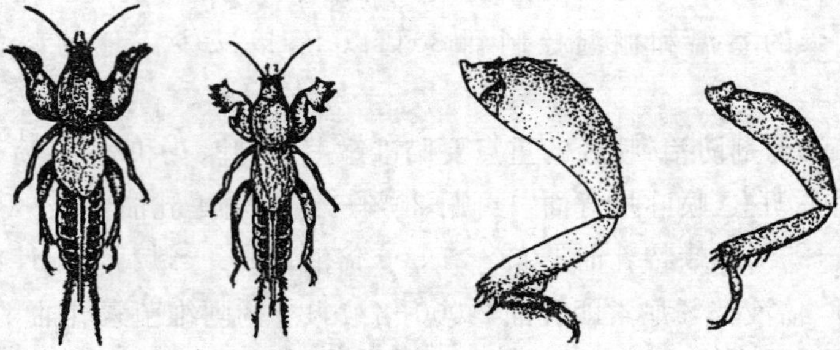

1　　2　　3　　4

**图 17　华北蝼蛄和东方蝼蛄**

1. 华北蝼蛄　2. 东方蝼蛄　3. 华北蝼蛄后足　4. 东方蝼蛄后足

(3)发生规律　华北蝼蛄生活史长,3 年左右完成 1 代。以成虫或若虫在 70 厘米以下土层深处越冬。3 月下旬至 4 月上旬蝼蛄开始活动。4 月中、下旬至 6 月中旬,是为害最重的时期。6～8 月下旬,气温升高,蝼蛄潜入土中越夏。成虫则进入产卵盛期。9 月上旬气温下降后,越夏蝼蛄又上升到地表面为害秋季作物,10 月中旬以后,陆续入土越冬。蝼蛄昼伏夜出,以夜间 9～11 时活动最盛,多在表土层或地面活动。蝼蛄在盐碱潮湿的土壤、沙壤土上发生多,为害重。黏重土发生量少。

(4)防治方法

①农业防治:苗床施足腐熟的马粪肥,保持床土松软,防止招引蝼蛄进入苗床,为害幼苗。

②土壤处理:用 5%辛硫磷颗粒剂每亩用 1～1.5 千克与 15～30 千克细土混合后撒于床土上、播种沟或移栽穴内,待播种和菜苗移栽后覆土。

③毒饵诱杀:毒谷用 90%敌百虫 0.15 千克,或 50%辛硫磷

0.15 千克兑成 30 倍液，将谷秕 1.5～2.5 千克煮半熟，凉后拌药，可供 1 亩撒毒谷用。温室苗床发现蝼蛄时，可将毒谷撒在蝼蛄活动的隧道处。对蝼蛄有良好的诱杀效果，并能兼治蛴螬。

④物理防治：鲜马粪或鲜草诱杀，苗床每隔 20 厘米左右挖一小土坑，放入鲜马粪，第二天早晨捕杀。

⑤药剂灌根：用 50%辛硫磷乳油 1 000 倍液灌根，也有一定效果，每次每穴 0.5 千克。

## （二）茄果类病害

茄果类蔬菜病害种类较多，国内发现的茄果类蔬菜病害有 70 种，主要有番茄早疫病、番茄晚疫病、番茄灰霉病、番茄叶霉病、番茄斑枯病、番茄脐腐病、番茄疮痂病、辣椒炭疽病、辣椒灰霉病、辣椒疫病、茄子黄萎病、茄子褐纹病、茄子绵疫病等病害。

### 1. 番茄早疫病

（1）症状识别　番茄早疫病又称番茄轮纹病。苗期、成株期均可染病，主要侵害叶、茎、花、果。受害叶片初呈针尖大的小黑点，后发展为不断扩展的轮纹斑，边缘多具浅绿色或黄色晕环，中部出现同心轮纹，且轮纹表面生毛刺状不平坦物；茎部染病，多在分枝处产生褐色至深褐色不规则圆形或椭圆形斑，表面生灰黑色霉状物；青果染病，始于花萼附近，初为椭圆形或不定型褐色或黑色凹陷病斑，直径 10～20 毫米，后期果实开裂，病部较硬，密生黑色霉层（图 18）。

（2）发病规律　以菌丝或分生孢子在病残体或种子上越冬，可从气孔、皮孔或表皮直接侵入，形成初侵染，经 2～3 天潜育后现出

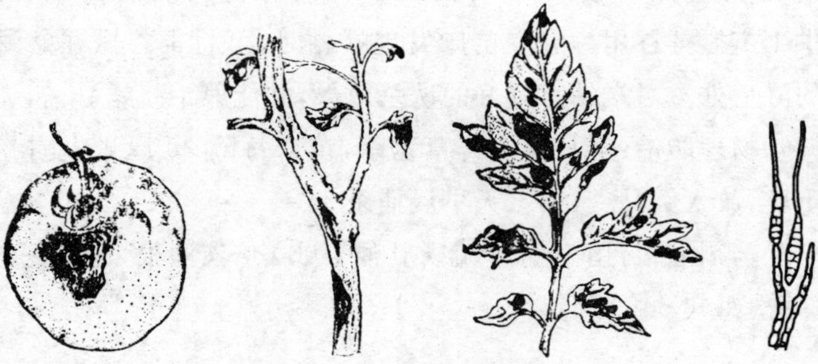


**图 18 番茄早疫病**

1～3. 被害状 4. 分生孢子及分生孢子梗

病斑，3～4 天产出分生孢子，并通过气流、雨水进行多次重复侵染。当番茄进入旺盛生长及果实迅速膨大期发病严重。当气温在 20～25℃，相对湿度在 80%以上或多阴雨天气，病害易流行。重茬地、瘠薄地、浇水过多或通风不良地块发病较重。

(3)防治方法

①种植耐病品种：如茄抗 5 号、奇果、矮立元、密植红等。

②农业防治：由于早春定植时昼夜温差大，白天 20～25℃，夜间 12～15℃，相对湿度高达 80%以上，易结露，利于此病的发生和蔓延。实行 3 年以上轮作。充分施足基肥，适时追肥，喷洒植宝素 7 500 倍液，提高寄主抗病力。

③药剂防治：防治早疫病应掌握在发病前即开始喷药预防。发病初期用 3%农抗 120 水剂 150 倍液或 2%武夷霉素 150～200 倍液喷雾，隔 5～7 天 1 次，连喷 2～3 次；或喷撒 5%百菌清粉尘剂，每亩 1 千克，隔 9 天 1 次，连续防治 3～4 次；施用 45%百菌清

烟剂或10%速克灵烟剂，每亩200～250克。

发病后开始喷洒50%扑海因可湿性粉剂1 000～1 500倍液或75%百菌清可湿性粉剂600倍液、58%甲霜灵·锰锌可湿性粉剂500倍液、64%杀毒矾可湿性粉剂500倍液、40% 扑可湿性粉剂400倍液、50%双扑可湿性粉剂800倍液。

### 2.番茄晚疫病

(1)症状识别　番茄晚疫病又称番茄疫病。主要为害叶片、茎秆和果实。幼苗染病时，初呈水浸状暗绿色，后变为黑褐色，严重时病苗枯死；叶片染病，多从植株下部叶尖或叶缘开始发病，初为暗绿色水浸状不整形病斑，扩大后转为褐色，高湿时，叶背病健交界处长白霉；茎上病斑呈黑褐色腐败状，引致植株萎蔫；果实染病主要发生在青果上，病斑初呈油浸状暗绿色，后变成暗褐色至棕褐色，稍凹陷，边缘明显，云纹不规则，果实一般不变软，湿度大时其上长少量白霉，迅速腐烂（图19）。

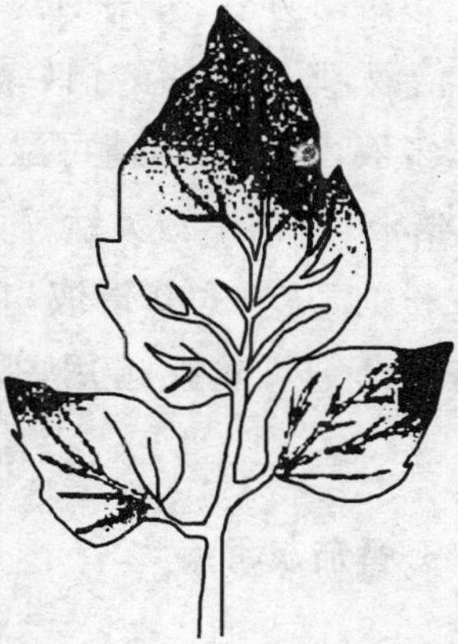

图19　番茄晚疫病

(2)发病规律　番茄晚疫病菌主要在冬季栽培的番茄及马铃薯块茎中越冬，或以菌丝体在落入土中的病残体上越冬。借气流或雨水传播到番茄植株上，从气孔或表皮直接侵入，在田间形成中心病株，借风雨传播蔓延，进行多次重复侵染，引起该病流行。降雨的早晚、雨日多少、雨量大小及持续时间长短是决定该病发生和流行的重要条件。地势低洼、排水不良，田间湿度大，易诱发此病。

(3)防治方法

①选用抗病品种：较抗病的品种有圆红、中蔬4号、中蔬5号、中杂4号、渝红2号等，可根据当地情况选用。

②农业防治：与非茄科作物实行3年以上轮作。避免在有番茄晚疫病的棚内育苗，定植前仔细检查剔除病株。雨季及时排涝，降低田间湿度。加强田间检查，发现中心病株，摘除病叶、病果。

③药剂防治：可用的药剂有70％百德富可湿性粉剂500～700倍液，12％松脂酸铜(绿乳铜)乳油400倍液，1∶1∶200倍波尔多液，75％百菌清可湿性粉剂500倍液，72.2％普力克水剂800倍液，58％甲霜灵锰锌可湿性粉剂500倍液，40％甲霜铜可湿性粉剂700～800倍液，47％加瑞农可湿性粉剂800倍液，以上各种药剂可轮换选用，视病情每隔7天1次，连续防治2～3次。

### 3.番茄灰霉病

(1)症状识别　该病可为害花、果实、叶片及茎。青果受害重，残留的柱头或花瓣多先被侵染，后向果面或果柄扩展，果皮呈灰白色，软腐，发病部位长出大量灰绿色霉层，即病原菌的子实体，果实失水后僵化；叶片多始自叶尖，病呈“V”字形向内扩展，初水浸状、浅褐色、边缘不规则、具深浅相间轮纹，后干枯表面生有灰色霉层，导致叶片枯死；茎染病，开始亦呈水浸状小点，后扩展为长椭圆形或长条形斑，湿度大时病斑上长出灰褐色霉层。严重时引起病部以上枯死。

(2)发病规律　病菌主要以菌丝体或微菌核随病残体或遗留在土壤中越冬，成为下一个生长季初侵染的菌源。在我国南方的病菌也可以在保护栽培设施内终年存活。病菌的分生孢子可通过风雨、昆虫、甚至农事操作而传播，条件适宜时即萌发，多从伤口或衰老、坏死组织侵入。初侵染发病后又长出大量新的分生孢子，通过传播可不断进行再侵染。保护设施内环境潮湿，不通风，20～24℃的温度，有利于此病发生和流行。

(3)防治方法

①农业防治：保护地番茄采用生态防治法，加强通风管理；发现病株、病果应及时清除销毁；收获后彻底清园，翻晒土壤，可减少病菌来源。

②药剂防治：在定植前用50%速克灵可湿性粉剂1 500倍液或50%多菌灵可湿性粉剂500倍液喷淋番茄苗，要求无病苗进棚。在沾花时用药：做法是第一穗果开花时，在配好的2,4-D或防落素稀释液中，加入0.1%的50%速克灵可湿性粉剂或50%扑海因可湿性粉剂、50%多菌灵可湿性粉剂，进行沾花或涂抹，使花器着药；此外，也可单用“保果灵”可湿性粉剂，每克兑热水0.5升充分搅拌冷却后沾花，每亩用量13克；在浇催果水前1天用药，以后视天气情况确定，正常年份，可停药，如遇连阴雨天气，气温低，可再防1～2次，间隔7～10天。

在棚室番茄灰霉病始发期，施用特克多烟剂，每100米$^2$用量50克(1片)；或10%速克灵烟剂、45%百菌清烟剂，每亩用250克熏1夜，隔7～8天1次。

4.番茄叶霉病

(1)症状识别　可为害叶片、茎、花、果实等。叶片是主要被害对象，被害时，叶面出现椭圆形或不规则形淡黄褪绿斑，叶背面病斑上长出灰紫色至黑褐色的绒状霉层，温湿度合适时，病斑正面也可长出霉层。病情发展严重时，叶片由下向上逐渐卷曲，植株呈黄褐色干枯。果实染病，果蒂附近或果面形成黑色圆形或不规则形斑块，硬化凹陷，不能食用。嫩茎或果柄染病，症状与叶片相似(图 20)。

图 20　番茄叶霉病

(2)发病规律　病菌随病残体或在种子上越冬，第二年条件适宜时产生分生孢子借气流传播。冬季病菌在保护地番茄上可继续繁殖为害，直接传播到苗床或露地番茄上为害。病菌孢子萌发后一般从寄主叶背气孔侵入，菌丝在细胞间隙生长蔓延，也可从萼片、花梗等部分侵入，并可进入子房，潜伏在种皮上。病菌发育的最适温度为 20～25℃，相对湿度 80%以上，有利于病斑扩展，并形成分生孢子。一般地势低洼、通风不良、种植过密的地块，多雨高湿，温度适宜的条件下，病害易发生严重。

(3)防治方法

①选用抗病品种：如佳粉 15、佳粉 16、佳粉 17、双抗 2 号抗叶霉病。

②农业防治：番茄与瓜类、豆类实行 3 年以上的轮作。保护地番茄应适当控制灌水，加强通风，以降低温湿度。大田也要注意田

间通风透光，不宜种植过密，并适当增施磷钾肥，以提高植株的抗病性。雨季要及时排水，以降低田间湿度。

③种子处理：若种子带菌，可用 52℃的温水浸种 30 分钟，晾干备用。

④温室消毒：连年发病的温室，在番茄定植前应进行消毒处理。具体办法是：每 37 米$^3$ 用硫磺和锯末各 500 克，分放几处，点火后密闭熏烟一夜，可起到杀菌作用。

⑤药剂防治：发病初期，可先摘除下部叶片，接着喷药保护，每隔 7～10 天喷 1 次，连续喷在叶片背面。可用药剂 70％甲基托布津可湿性粉剂 1 000 倍液、50％多菌灵可湿性粉剂 800～1 000 倍液、75％百菌清可湿性粉剂 600～800 倍液、50％扑海因可湿性粉剂 1 500 倍液喷雾。

### 5. 番茄斑枯病

(1)症状识别　斑枯病主要为害番茄的叶片、茎和花萼，尤其在开花结果期的叶片上发生最多，果柄和果实很少受害。通常是接近地面的老叶最先发病，以后蔓延到上部叶片。初发病时，叶片背面出现水渍状小圆斑，不久正反两面都出现圆形和近圆形的病斑，边缘深褐色，中央灰白色，凹陷，一般直径 2～3 毫米，密生黑色小粒点。由于病斑形状如鱼目，故有鱼目斑病之称。发病严重时，叶片逐渐枯黄，植株早衰，造成早期落叶。茎上病斑椭圆形，褐色。果实上病斑褐色，圆形。

(2)发病规律　病菌主要以分生孢子器或菌丝体随病残体遗留在土中越冬，也可以在多年生的茄科杂草上越冬。第二年病残体上产生的分生孢子是病害的初侵染来源。分生孢子器吸水后从孔口涌出分生孢子团，借雨水溅到番茄叶片上，所以接近地面的叶片首先发病。此外，雨后或早晚露水未干前，在田间进行农事操作时可以进行传播。菌丝生长的适宜温度为 25℃左右，最低 15℃，最高 28℃。在温度为 25℃和饱和的相对湿度下,48 小时内病菌即可侵入寄主组织内。在温度为 20℃或 25℃时,病斑发展快。温暖潮湿和阳光不足的阴天,有利于斑枯病的产生。当气温在 15℃以上,遇阴雨天气,同时土壤缺肥、植株生长衰弱,病害容易流行。在高温干燥的情况下,病害的发展受到抑制。斑枯病常在初夏发生,到果实采收的中后期蔓延很快。

(3)防治方法

①选抗病品种:番极佳,以色列 2 号,佳粉 15、16、17 等抗病品种。

②农业防治:发病严重地块与非茄科蔬菜实行 3～4 年轮作。应避免与番茄、马铃薯轮作。培育壮苗,苗床用新土或两年未种过茄科蔬菜的地块育苗。

③种子清毒:须从无病植株上选留种子,并进行种子消毒,在 52℃温水中浸泡 30 分钟,晾干后催芽播种。

④药剂防治:发病初期喷药保护,可选用 70％代森锰锌可湿性粉剂 500 倍液、75％百菌清可湿性粉剂 600 倍液、50％多菌灵可湿性粉剂 500 倍液、50％扑海因可湿性粉剂 600～800 倍液、58％甲霜灵锰锌可湿性粉剂 600～800 倍液、77％可杀得可湿性粉剂 600～800 倍液、50％托布津可湿性粉剂 600 倍液、1∶1∶(200～240)波尔多液喷雾。每周用药 1 次,连续 2～3 次。

### 6.番茄脐腐病

(1)症状识别　该病一般发生在果实长至核桃大时。最初表现为脐部出现水浸状病斑,后逐渐扩大,致使果实顶部凹陷、变褐。病斑通常直径 1～2 厘米,严重时扩展到小半个果实。在干燥时病部为革质,遇到潮湿条件,表面生出各种霉层,常为白色、粉红色及黑色。发病的果实多发生在第 1、2 穗果实上,这些果实往往长不大,发硬,提早变红。

(2)发病规律　一般雨后干旱；或前期灌水过多，后期不灌水；或在土壤潮湿、植株根部发育不良时，突然遇强风、热风，叶部蒸腾量远远超过根部吸水量；或偏施氮肥发病均严重。土壤碱性过重，施用未腐熟的肥料或施肥过浓引起烧根以及根系发育不良，影响水分的正常吸收，也会导致病害的发生。果实中钙的含量低于0.2%时，易表现出病症。

(3)防治方法

①选用抗病品种：可选用长春1号、橘黄佳橙等品种。

②农业防治：加强田间管理，及时均衡浇水，施足底肥，氮、磷、钾肥配合使用。在番茄施氮量上，凡是超过30千克/亩纯氮以后，发病率就会严重。所以，一定要控制氮肥用量。在番茄底肥中以腐熟的有机肥加磷、钾化肥，如用普钙和硫酸钾或者用中氮、中磷、富钾的复合肥做底肥。在基肥和追肥的比例上，增加追肥中的氮肥，减少基肥氮的比例。在第一花穗开花期或第一果穗坐果初期，喷洒1%过磷酸钙浸出液，或0.5%氯化钙、0.1%硝酸钙溶液加5毫克/千克萘乙酸，每半个月左右1次，喷1～2次。

### 7.番茄疮痂病

(1)症状识别　番茄的叶、茎、果均可染疮痂病。初生病斑为水浸状暗绿色斑点，扩大后形成近圆形或不整形边缘明显的褐色病斑，四周具黄色环形窄晕环，内部较薄，具油脂状光泽；茎部染病先生浸状暗绿色至黄褐色不规则形病斑，病部稍隆起，裂开后呈疮痂状；果实染病主要为害着色前的幼果和青果，初生圆形四周具较窄隆起的白色小点，后中间凹陷呈暗褐色或黑褐色，形成边缘隆起的疮痂状病斑。

(2)发病规律　病原细菌在病残体中或种子表面越冬。条件适宜时，病菌通过风雨或昆虫传播到番茄叶、茎或果实上，从气孔或伤口侵入。在叶片上自侵入到发病潜育期3～6天，在果实上潜育期 5～6 天。发育适温 27～30℃，最高 40℃，最低 5℃，在 56℃下经 10 分钟致死。高温、高湿、阴雨天气是发病重要条件。管理粗放、植株衰弱会促使发病加重。

(3)防治方法

①农业防治：重病田实行 2～3 年轮作，轮作时要避开辣椒。合理密植，增加田间通风透光，及时防治虫害，减少再侵染源。防止雨后积水，降低地下水位和保护地棚内湿度，控制发病环境。在病害盛发期及时摘除病老叶，收获后清洁田园，清除病残体，并带出田外深埋或烧毁，深翻土壤，加速病残体的腐烂分解，减少再侵染菌源。加强管理，及时整枝打杈，打杈时不要在有露水或雨水的情况下进行。

②从无病留种株上采收种子，选用无病种子。引进商品种子在播前要做好种子处理，可用 55℃温汤浸种 10 分钟，捞出移入冷水中冷却后，晾干催芽播种。

③药剂防治：发病初期开始喷洒硫酸链霉素或新植霉素 4 000～5 000 倍液、50%琥胶肥酸铜可湿性粉剂 400～500 倍液，或 77%可杀得可湿性粉剂 400～500 倍液、25%络氨铜水剂 500 倍液，隔 7～10 天 1 次，防治 1～2 次。

## 8. 辣椒炭疽病

辣椒炭疽病是一种世界性病害，是辣椒上的主要病害之一。我国各辣椒产区几乎都有发生。

(1)症状识别　此病主要为害叶片和果实，特别是近成熟期的更易发生。一般引起叶部炭疽的主要是黑色炭疽病，红色炭疽病。

①黑色炭疽病：果实及叶片均能受害，特别是成熟的果实及老叶易受侵染。果实受害，初为褐色、水浸状小斑点，褐色小斑点很快扩展成圆形或不规则形的凹陷病斑，斑面具隆起的同心轮纹，其上密生轮纹状排列的黑色小点。

②红色炭疽病：幼果及成熟果实均能受害，产生黄褐色、水渍状、凹陷病斑，其上密生轮纹状排列的橙红色小点，潮湿时病斑表面溢出淡红色黏质物，病斑凹陷。

③黑点炭疽病：以成熟果实受害严重。病斑与黑色炭疽病相似，但其上的小黑点较大，色更黑，潮湿时溢出黏质物。

（2）发病规律　病菌以分生孢子附着在种子表面，或以菌丝潜伏在种子内部越冬。播种带菌种子或播种于带菌的土壤上，环境条件适宜时产生分生孢子，进行初侵染。病菌多由寄主的伤口侵入，红色炭疽病菌还可从表皮直接侵入。以后病斑上产生新的分生孢子，通过风雨、昆虫、农事操作等传播，频繁再侵染。

病菌发育温度为 12～33℃，最适 27℃；适宜相对湿度为 95% 左右，相对湿度低于 70%，即使温度适宜也不适其发育。分生孢子萌发适温 25～30℃，适宜相对湿度在 95% 以上。

（3）防治方法

①种植抗病品种：开发利用抗病资源，培育抗病高产的新品种。一般辣味强的品种较抗病，可因地制宜选用。如铁皮青、皖椒 1 号、长丰等。

②农业防治：加强栽培管理，合理密植，避免连作，发病严重地区应与瓜类和豆类蔬菜轮作 2～3 年；适当增施磷、钾肥，促使植株生长健壮，提高抗病力。果实采收后，清除田间遗留的病果及病残体，集中烧毁或深埋，并进行一次深耕，将表层带菌土壤翻至深层，促使病菌死亡。可减少初侵染源、控制病害的流行。

③从无病果实采收种子，作为播种材料。可用 55℃ 温水浸种 10 分种，或用浓度为 1 000 毫克/千克 的 70% 代森锰锌或 50% 多菌灵药液浸泡 2 小时，进行种子处理。

④药剂防治：在发病始期、始盛期和盛发期 3 次施药防治效果最好。70% 代森锰锌、75% 百菌清、80% 新万生、80% 大生 M-45、70% 甲基托布津和 50% 多菌灵 6 种可湿性粉剂是防治辣椒炭疽

病的有效药剂。最佳施药量为每公顷 1 500～2 250 克。生产中70％代森锰锌与 50％多菌灵(1∶1)混用,在病害流行期每隔 7～10 天施 1 次,连续用药 2～3 次,可有效控制病害的流行。

9.辣椒灰霉病

(1)症状识别　辣椒灰霉病自苗期至成株期均可染病,主要为害叶片、茎秆、花、果实。苗期发病,初始子叶顶端褪绿变黄,后扩展至幼茎,幼茎变细缢缩,使幼苗病茎折断枯死。叶片发病,初始叶外沿褪绿变黄并产生灰白色霉层,发病末期可使整叶腐烂而死。茎秆发病,初始在茎秆产生水渍状小斑,扩展后成长椭圆形或不规则形,病部呈淡褐色,表面生灰白色的霉层。严重时,病斑可绕茎秆一周,引起病部上端的茎、叶萎蔫枯死。果实发病,初期被害部位的果皮呈灰白色水浸状,后发生组织软腐,后期在病部表面密生灰白色的霉层。

(2)发病规律　病菌以菌丝、菌核或分生孢子在病残体上或遗留在土壤里过冬。病菌发育适温 23℃,最高 31℃,最低 2℃;病菌对湿度要求很高,一般 12 月至来年 5 月连续湿度 90％以上的多湿状态易发病。病菌喜温暖高湿的环境,最适发病环境温度为20～28℃,相对湿度 90％以上,最适感病生育期为始花期至坐果期。

辣椒灰霉病的主要发病盛期在冬春季 12 月中、下旬至来年 5 月间。早春温度偏低、多阴雨、光照时数少的易发病。连作地、排水不良、与感病寄主间作、种植过密、生长过旺、通风透光差、氮肥施用过多的易发病,保护地春季阴雨连绵、气温低、关棚时间长、棚内湿度高、通风换气不良,极易引发病害。

(3)防治方法

①农业防治:精细整地,畦面应做成鱼背式的深沟高畦,确保浇水畦面不积水。在雨季前,抓好温室、大棚四周清理沟系,防止雨后积水,降低地下水位和棚室内湿度,控制发病环境。适时通风

换气，调节大棚空气湿度是抑制病害的重要手段。

②药剂防治：可选 40%施佳乐悬浮剂 800～1 000 倍液、65%克得灵可湿性粉剂 1 000～1 500 倍、50%敌力脱水乳剂 2 000～2 500 倍、50%速克灵可湿性粉剂 800～1 000 倍液、50%农利灵可湿性粉剂 1 000 倍液、50%扑海因可湿性粉剂 1 000 倍。防治时如遇阴雨天气或低温而不便喷药时，宜选用一熏灵或百菌清烟剂防治，每标准中管棚 3～4 只。

### 10. 辣椒疫病

(1)症状识别　幼苗期染病可使嫩茎基部出现似热水烫伤状、不定型的暗褐色斑块，逐渐软腐，幼苗倒伏死亡；主根染病初出现淡褐色湿润状斑块，逐渐变黑褐色湿腐状，可引致地上部茎叶萎蔫死亡；茎染病多在近地面或分叉处，先出现暗绿色、湿润状不定型的斑块，后变为黑褐色至黑色病斑，病部常凹陷或缢缩，致使上端枝叶枯萎；叶片染病出现污褐色，边缘不明显的病斑，病叶很快湿腐脱落；果实染病多从蒂部开始，出现似热水烫伤状、暗绿至污褐色、边缘不明显的病斑，可使局部或整个果实腐烂，逐渐失水后成为黑褐色僵果可残留在枝条上。上述各染病部位的病斑在天气潮湿时，表面可长出一层稀疏的白色霉层，这是病菌的孢囊梗和孢子囊。

(2)发病规律　病菌以卵孢子或厚壁孢子随病残体在土壤中越冬，成为次年发病的初侵染菌源；当温湿度条件适宜，卵孢子萌发，长出孢子囊，孢子囊通过气流或风雨溅散传播，萌发时产生多个游动孢子，游动孢子萌发后进行初侵染。初侵染发病后又长出大量新的孢子囊，通过传播，在一个生长季节可进行多次的再侵染。

疫病是一种流行性很强的病害，条件适宜时，短时间内就可以流行成灾。其中天气条件多雨、潮湿是关键因素，有利于孢子囊形成、萌发、侵入和菌丝生长；其次是温度，平均温度 26～28℃最有利于发病。与茄科或瓜类蔬菜连作发病较重；地势低、土质黏重、排水不良、通风透光性差、管理粗放、杂草丛生的菜地发病亦较重；不同的品种抗性亦有差异，一般甜椒类抗性较差，辣椒类较为抗病。

(3)防治方法

①选用抗病品种：如长春尖椒、麻辣椒、沈椒 1 号、丹椒 2 号、辽椒 5 号和早丰 1 号等。

②农业防治：实行轮作，重病田与豆科、十字花科等非茄科作物进行 2～3 年以上轮作。有条件的覆膜栽培。施足底肥，密度适当，合理用水，避免大水漫灌，雨后排水，有条件的实行滴灌可减轻病害发生。及时摘除病果清除病残。

③种子消毒：可用 52℃温水浸种 15 分钟，或 20%甲基立枯磷乳油 1 000 倍液浸种 12 小时，或用种子重量 0.3%的 50%克菌丹拌种。

④床土消毒：定植前每亩用 25%甲霜灵可湿性粉剂 0.5 千克兑水 70 千克消毒土壤。

⑤药剂防治：发病初期喷药防治，应地面、茎基、植株普遍喷药，可用 58%甲霜灵锰锌可湿性粉剂 500 倍液，或 40%乙磷铝 300 倍液、64%杀毒矾可湿性粉剂 500 倍液、72.2%普力克水剂 600 倍液、72%克霜氰可湿性粉剂 600 倍液等。保护地还可用百菌清烟雾剂等熏烟防治。

### 11.茄子黄萎病

(1)症状识别　茄子黄萎病、茄子褐纹病和绵疫病，在北方菜区被称为茄子三大病害。黄萎病又称黑心病、半边疯，主要为害茄子成株，一般在茄子坐果以后发病。病株叶片由下往上变黄，从半边向全株发展，终致病株叶片全部枯黄脱落、死亡，仅剩茎秆立于田中。本病与枯萎病容易混淆，诊断时往往需要镜检病原菌，或剖检病株根、茎，观察维管束变色情况才能确定。黄萎病病株根、茎维管束变色特点是：木质部先由内部开始变色，逐渐向外扩展，变色部呈间断的细线条状，黄褐色。此有别于枯萎病先由皮下开始变色，逐渐向内扩展，变色部呈连续粗线条状，棕黑色（图 21）。

**图 21　茄子黄萎病**

（2）发病规律　病菌均以菌丝体、厚垣孢子和微菌核随病残体遗落在土中越冬，可存活 6～8 年之久。本病与枯萎病发病特点基本相同。病菌借助流水、灌溉水、人畜活动等传播，从伤口或幼根侵入，在维管束内繁殖、扩展，破坏寄主输导组织的正常机能而导致发病。病菌发育适温为 19～24℃。通常连作地、低洼潮湿地、根部伤口多、施用未充分腐熟的土杂肥等，发病早而重。品种间抗性有差异。

（3）防治方法

①选用抗病品种：如齐茄 3 号（黑龙江）、长茄 1 号（吉林）、辽茄 3 号（辽宁）、冀茄 2 号（河北）、台湾金钟茄、紫长茄（江西）、丰研 1 号（北京）等对黄萎病表现抗耐病。其他抗逆性表现较强的品种，如龙茄 1 号（黑龙江）、苏州条茄（江苏）、青选长茄（山东）、安阳大红茄（河南）、龙杂茄 2 号（黑龙江）、华茄 1 号（湖北）、济丰 3 号和鲁茄 1 号（山东）、楚茄杂 1 号（云南）、长虹早茄（杭州）等。

②农业防治：苗床要施用净粪，做好苗床温、湿、光、气管理，培育无病壮苗，最好用培养钵育苗。重病地区停种茄子及其他茄科蔬菜 3～4 年，与韭菜、葱蒜类轮作较好，如与水稻轮作一年即可收到明显效果。

③种子消毒:一般种子要做严格的消毒处理,可用55℃温水浸种15分钟,或50%多菌灵可湿性粉剂500倍液浸种1小时,直播时,可用种子重量0.2%的80%福美双或50%克菌丹拌种。

④苗床土壤消毒:黄萎病重地区苗床最好用棉隆消毒,每平方米用40%棉隆10～15克加15千克干细土充分拌匀制成药土,撒施于床面并耙入15厘米土层中,整平后浇水覆地膜,使其发挥熏蒸作用,隔10～15天后再播种。

⑤药剂防治:定植地已发病,可在定植时穴施50%多菌灵药土,每公顷用多菌灵15～22.5千克。田间初见发病可用50%多菌灵可湿性粉剂500倍液,或12.5%增效多菌灵可溶剂250倍液,或50%琥胶肥酸铜可湿性粉剂350倍液灌根,每株灌药液0.5千克。

### 12. 茄子褐纹病

(1)症状识别　主要为害茎、叶、果实。幼苗发病,茎基部出现梭形褐色凹陷病斑,表面有黑色小粒点,条件适宜时,病斑迅速扩展,幼苗猝倒、立枯。叶片发病,从下部叶片开始,叶上产生灰白色水浸状的圆形病斑,渐变褐色,表面轮生许多黑色小点,后期病斑扩大连片,常造成叶片干裂,穿孔,脱落。果实受害初现浅褐色椭圆形凹陷斑,后扩展为黑褐色,病斑有同心轮纹状排列的小粒点,后期果实腐烂,脱落或挂在茄枝上(图22)。

(2)发病规律　以菌丝体和分生孢子器在土表病残体组织上,或以菌丝潜伏在种皮内,或以分生孢子附着在种子上越冬,一般存活2年。带菌种子引起幼苗发病,土壤带菌引起茎基部溃疡。越冬病菌产出分生孢子进行初侵染,后病部又产生分生孢子通过风、雨及昆虫进行传播和再侵染,引起流行。分生孢子萌发适温28℃。苗期潜育期3～5天,成株期7～10天。田间气温28～30℃,相对湿度高于80%,持续时间比较长,或连续阴雨,此病易

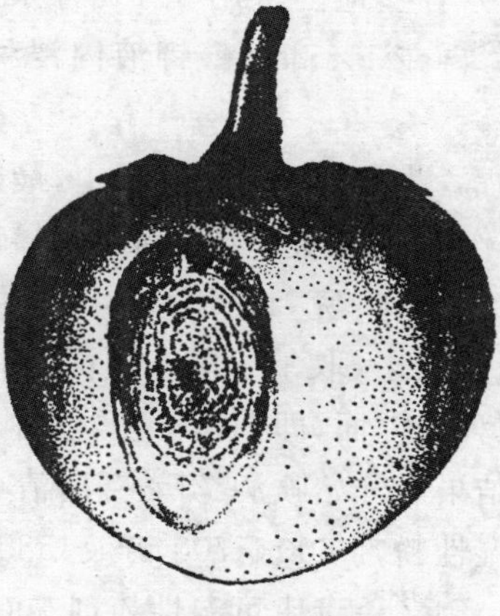

图 22 茄子褐纹病

流行。病情与栽培管理和品种有关，一般多年连作或苗床播种过密，幼苗瘦弱，定植田块低洼，土壤黏重，排水不良，偏施氮肥发病重。

(3)防治方法

①选用抗病品种：目前生产上尚缺乏免疫或高度抗病的品种，但品种间抗病性仍有差异。如北京线茄、天津二根、成都竹丝、吉林羊角、铜川牛角茄、吉林白、盖县紫水、旅大紫长茄、白荷包茄(北京)、科选 1 号(长春)、通选 2 号(通化)、早丰产(山东)等。

②农业防治：合理轮作，在南方应进行 3 年以上的轮作，北方要 4～5 年轮作；清除病株残余物，茄子生长期间发现病枝、病果应及时摘除烧毁，茄子收后亦应及时清除病株残体，并立即深耕，以减少下年发病来源；合理密植，施足底肥，避免偏施氮肥，要与磷、钾肥配合使用。

③种子消毒：先用冷水将种子预浸 3～4 小时，然后用 55℃温水浸种 15 分钟，浸种后立即用冷水降温，晾干备用。种子消毒也

可用药剂处理。南方有些地区常用9.1%升汞液浸种5分钟，在清水中充分漂洗后，再在1%高锰酸钾液内浸种40分钟，再用清水洗净后晾干备用。

④苗床土壤消毒：苗床要选用无病净土，最好是用多年没种过茄的葱、蒜或粮食作物的土壤。苗床消毒：播种时，每平方米用50%多菌灵可湿性粉剂10克，或50%福美双可湿性粉剂8～10克拌细土2千克制成药土，取1/3撒在畦面上，然后播种，播种后将其余药土覆盖在种子上面，即上覆下垫，使种子夹在药土中间。

⑤药剂防治：结果后开始喷洒75%百菌清可湿性粉剂600倍液、40%甲霜铜可湿性粉剂600～700倍液、58%甲霜灵·锰锌可湿性粉剂500倍液、64%杀毒矾可湿性粉剂500倍液、70%乙磷·锰锌可湿性粉剂500倍液、50%苯菌灵可湿性粉剂800倍液，或1∶1∶200波尔多液，视天气和病情隔10天左右1次，连续防治2～3次。

### 13. 茄子绵疫病

(1)症状识别　幼苗、成株均可受害。幼苗被害引致苗猝倒；成株期主要为害果实，也能为害茎叶等部位。发病多从植株下部的老熟果实开始，病果初现水渍状小圆斑，很快扩大为圆形至不定型黄褐色或暗褐色大斑，稍凹陷，严重时蔓延全果，致病果收缩、变软，青皮呈现皱纹，内部果肉变褐腐烂。在高湿条件下，病部表面长出茂密的白色棉毛状物，有时棉毛状物下塌，状如湿水棉絮。

(2)发病规律　在冬季寒冷地区，病菌主要以卵孢子随病残体遗落在土中越冬，越冬卵孢子成为第二年病害主要初次侵染接种体，借助灌溉水和雨水而传播。通常在高温(28～30℃)、高湿的条件下，病菌可在72小时内完成一个病程。雨季来得早、降雨频繁、降雨量大、天气闷热的年份和地区，本病往往发生早而重。连作地、低洼潮湿地、土质黏重地、过分密植通透不良地以及偏施过施氮肥地块，会加重发病。品种间抗病性有差异。通常圆茄类比长茄类品种抗病，早熟品种比晚熟的抗病，果实含水量低的比含水量高的抗病，厚皮品种比薄皮品种抗病。

(3)防治方法

①因地制宜地选育和选用抗耐病高产良种：对绵疫病表现抗耐病的品种有龙茄1号（黑龙江）、苏州条茄（江苏）、青选长茄（山东）、内茄2号（包头）、安阳大红茄（河南）、龙杂茄2号（黑龙江）、华茄1号（湖北）、紫长茄（江西）、济丰3号（山东）、楚茄杂1号（云南楚雄）、湘茄2号（湖南）、长虹早茄（杭州）。

②农业防治：实行轮作。加强肥水管理，为防止和减少土壤病菌孢子对茄果的溅射传染，有条件的地方应铺草或铺盖薄膜。

③药剂防治：药剂可选用65％疫羧敌可湿粉剂600～800倍液，或40％甲霜铜可湿性粉剂600～800倍液，或64％杀毒矾600倍液，7～15天1次，2～3次或更多，交替喷施。

## （三）番茄病虫害周年防治历

### 1.播种前

(1)选用抗病品种：各地的主要病害不同，品种特性也不尽相同，选用抗病品种时，要根据本地的主要病害，结合丰产优质条件，因地制宜地选用。如佳粉15、佳粉16、佳粉17、双抗2号、长春1号、橘黄佳橙等品种。

(2)土壤消毒

①日光消毒：先深翻25厘米，每亩撒施500千克切碎的稻草或麦秸，加入100千克熟石灰，与土壤混合均匀，地周围起垅，灌透水，铺地膜。在7月份的高温天气保持20天，能消灭土壤中的病菌和害虫。

②药剂消毒:50%的多菌灵粉剂1千克加100千克细土拌匀,每平方米地面撒毒土1.25千克,撒后与土壤拌匀,或用70%的甲基托布津可湿性粉剂每平方米10克、500倍液的福尔马林喷湿地表,盖膜1周,放风2周后播种或定植。用穴盘或营养钵育苗时,每立方米用50%的福美双或50%的多菌灵150克消毒。

(3)种子消毒

①温水浸种:用55℃温水浸种10~15分钟,不断搅拌待水温降到30℃时,继续浸泡6~8小时,即可催芽。

②药剂处理种子:用10%的磷酸三钠溶液,常温下浸种20分钟,捞出后清水洗净催芽,可预防病毒病。用50%多菌灵可湿性粉剂500倍液浸种2小时或300倍液的福尔马林浸种30分钟、25%甲霜灵可湿粉剂用种子重量的0.3%拌种,都能预防真菌病害。

### 2.幼苗期

此时期主要虫害有蚜虫、斑潜蝇、粉虱,主要病害有猝倒病、灰霉病、枯萎病、青枯病。

(1)农业措施　与非茄科作物实行3~4年轮作。出苗后撒适当土或草木灰填缝,逐步通风降温。露地育苗盖防虫网,防止蚜虫、粉虱传毒。发现病苗,立即拔除,带出田外深埋。苗床温度白天保持25~27℃,夜间不低于15℃。

(2)生物措施　定植前和定植缓苗后各喷1次10% NS-83增抗剂50~80倍液或用0.9%的阿维菌素3 000倍液喷雾,防治斑潜蝇。

(3)化学防治　防治猝倒病可用72.2%的普力克800倍液或64%杀毒矾500倍液喷雾,可兼治灰霉病、枯萎病、青枯病。防治蚜虫用10%的吡虫啉2 500倍液或2.5%功夫菊酯2 500倍液,还可兼治斑潜蝇、粉虱。

### 3. 定植至结果期

此时期主要虫害有蚜虫、斑潜蝇、粉虱、棉铃虫、茶黄螨和叶螨，主要病害有灰霉病、叶霉病、早疫病、灰霉病、枯萎病、青枯病。

(1)农业措施　摘除病叶、病花、病果和下部老叶，带出田外销毁。田间整枝前用磷酸皂水洗手或肥皂水洗手。适时通风降湿，控制浇水。保护地通风口设 30 目的尼龙纱作防虫网。

(2)物理措施　保护地设黄板或黄条诱杀蚜虫、粉虱、潜叶蝇。黄板长 60 厘米，宽 30 厘米，涂黄色，外盖塑膜，塑膜上涂机油。钉木棍插在田间，要高出作物。每亩放 30～40 块。黄条是用黄纸剪成长 1 米，宽 15 厘米的纸条，涂上机油，挂在大棚内。也可在大棚周围挂银灰膜，条宽 15 厘米，间距 15～20 厘米，纵横拉成网眼状。

(3)生物措施　在棉铃虫孵化盛期喷施标准的 Bt 乳剂 100 倍液或 0.9%阿维菌素 2 000 倍液、5%的卡死克 1 500 倍液，还可兼治粉虱、斑潜蝇、防治茶黄螨和叶螨等。用 2%宁南霉素 200 倍液防治病毒病；用 1%武夷菌素 150 倍液防治灰霉病、叶霉病、早疫病；用 10%浏阳霉素 1 500 倍液、72%的硫酸链霉素 4 000 倍液或 100 万单位的新植霉素 3 000 倍液，防治细菌性病害。

(4)化学防治

①防治病毒病：用 5%植病灵 1 000 倍液或 20%病毒 A 500 倍液、高锰酸钾 1 000 倍液与爱我收 6 000 倍液混合，喷雾。

②防治灰霉病、叶霉病：适用药剂有 50%速克灵 800 倍液、28%灰霉克 500～600 倍液、65%甲霉灵 800 倍液。在蘸花液中加入 0.1%的速克灵或扑海因，待第一果穗坐果后喷 50%速克灵或 50%扑海因 600～800 倍液，重点喷在果上，也可喷 6.5%的万霉灵粉尘剂或 5%灭克粉尘剂每 1 亩 1 千克。

③防治早疫病：适用药剂有 75%百菌清 600 倍液、72%克露

600～800 倍液、80%喷克 500～600 倍液、58%甲霜灵锰锌 800～1 000 倍液、72.2%的普立克 800 倍液，还可兼治晚疫病、绵疫病、绵腐病。也可用 5%霜克粉尘剂或 5%霜霉威粉尘剂每亩 1 千克。

④防治蚜虫、粉虱：适用药剂有 22%敌敌畏烟剂每亩 500 克熏蒸或 10%吡虫琳 1 000 倍液、40%菊杀乳油 2 000～3 000 倍液，单防治蚜虫可用 50%辟蚜雾 3 000 倍液喷雾。

⑤防治斑潜蝇：用 48%乐斯本 600～800 倍液喷雾。

⑥防治棉铃虫：适用药剂有 15%安打水悬浮剂 3 500 倍液或 2.5%功夫菊酯 2 000 倍液、50%辛硫磷 800 倍液。

⑦防治茶黄螨：可用 73%克螨特 2 000～2 500 倍液。

### 4. 收获期

在摘果前 7 天，不能施用化学农药。果实采收后，清除田间遗留的病果及病残体，集中烧毁或深埋，并进行一次深耕，将表层带菌土壤翻至深层，促使病菌死亡。可减少初侵染源、控制病害的流行。

## （四）辣（甜）椒病虫害周年防治历

### 1. 播种前

（1）选用抗病虫品种　我国地域广阔，各地都有辣（甜）椒种植，各地的主要病害虫害各异，种植方式不同，所以，选用抗病虫品种要因地制宜，灵活掌握。

甜（辣）椒抗病虫品种有中椒 3 号、中椒 4 号、中椒 5 号、中椒 7 号、中椒 12、甜杂 2 号、甜杂 6 号、甜杂 7 号、海丰 1 号、海丰 2 号、双丰、萨菲罗（荷兰瑞克斯旺化司）、格鲁西亚等品种。

(2)土壤日光高温消毒　保护地栽培可在夏季高温季节，深翻地25厘米，每亩撒施500千克切碎的稻草或麦秸，加入100千克熟石灰，四周起垄，灌水后盖地膜，保持20天，可消灭土壤中的病菌。

(3)种子消毒　商品包衣种子按照技术要求进行。另外，下列方法任选一：50%多菌灵可湿性粉剂500倍液浸种2小时、40%福尔马林300倍液浸种30分钟、1%高锰酸钾溶液浸种20分钟、10%磷酸三钠溶液浸种20分钟。浸种后都要用清水冲洗干净再催芽，然后播种。

(4)土壤处理　用50%多菌灵可湿性粉剂与细土1∶100配比混合均匀，每平方米苗床用毒土1.25千克，或用70%甲基托布津每平方米8～10克加适量土拌均匀撒于地面，与土壤拌匀。也可用70%代森锰锌可湿性粉剂每平方米8～10克，加土1千克拌匀，播种时，床苗铺2/3，种子上盖1/3。

### 2.幼苗期

主要虫害为蚜虫、潜叶蝇、粉虱、茶黄螨。主要病害为猝倒病和炭疽病、病毒病。

(1)农业措施　露地育苗苗床要盖防虫网，保护地育苗通风口要设尼龙纱为挡虫网，防止蚜虫、潜叶蝇、粉虱进入为害传毒。出苗后要撒干土或草木灰填缝。苗床温度白天控制在25～27℃，夜晚不低于15℃。

(2)生物措施　定植前喷1次10% NS-83增抗剂50～80倍液；用0.9%的阿维菌素3 000倍液防治害螨、粉虱和斑潜蝇。

(3)药剂防治　防治猝倒病和炭疽病用70%甲基托布津600～800倍液；防治蚜虫用2.5%的功夫菊酯2 000～3 000倍液。

(4)定植前棚室消毒　用福尔马林500倍液，按每平方米地面喷药液1～1.5千克，闭棚24小时，放风7～10天后定植，也可用

50％多菌灵 500 倍液，对棚室土壤、屋顶及四周和室内架材喷雾消毒。

### 3. 定植至结果期

主要虫害为蚜虫、害螨、粉虱、斑潜蝇、棉铃虫；主要病害为灰霉病、炭疽病、软腐病、青枯病、疫病、疮痂病。

(1)农业措施　及时摘除病叶、病花、病果，拔除病株深埋或烧毁。及时通风、降湿、降温，控制浇水，不要大水漫灌，防止积水。

(2)物理措施　在温室大棚插黄板或挂黄条诱杀蚜虫、粉虱、斑潜蝇。

(3)生物措施　用 0.9％阿维菌素 3 000 倍液，防治蚜虫、害螨、粉虱、斑潜蝇、棉铃虫。用 2 000 单位的 Bt 乳剂 500 倍液，防治棉铃虫。用 72％的农用硫酸链霉素 4 000 倍液，防治各种细菌性病害。用 1％的武夷菌素 150～200 倍液，防治灰霉病、炭疽病。

(4)化学防治

①防治病毒病：发病初期用 1.5％植病灵 1 000 倍液或 20％病毒 A 500 倍液、50％菌毒清 200 倍液喷雾。

②防治疫病：可用 72％克露 600～800 倍液或 80％的大生 M-45 可湿性粉剂 500 倍液、70％乙磷铝锰锌 500 倍液喷雾。

③防治根腐病：用 50％多菌灵 500 倍液或 40％乙磷铝 400 倍液灌根。

④防治灰霉病：可用 50％扑海因 800 倍液或 50％速克灵 800 倍液喷雾。

⑤防治细菌性病害：可用 50％琥胶肥酸铜(DT)500 倍液或 72％农用硫酸链霉素 4 000 倍液喷雾。

⑥防治棉铃虫：可用 2.5％的功夫 2 000 倍液或 2.5％的高效氯氰菊酯 2 000～5 000 倍液喷雾。

#### 4. 收获期

采收前7天禁止施用化学农药。果实采收后，清除田间遗留的病果及病残体，集中烧毁或深埋，并进行一次深耕，将表层带菌土壤翻至深层，促使病菌死亡。可减少初侵染源、控制病害的流行。

## （五）茄子病虫害周年防治历

#### 1. 播种前

（1）整地施肥　清除病残体，深翻减少虫源。施肥以有机肥为主，施用优质、腐熟的有机肥料，增施磷、钾肥，提高抗耐病虫能力。

（2）合理轮作　北方与非茄科作物轮作3年以上，能预防多种病害，特别是黄萎病。

（3）日光消毒　对苗床或定植田进行日光消毒。在夏季高温季节，土壤深翻25厘米，每亩撒施50千克切碎的稻草或麦秸，加100千克熟石灰混匀后四周起垄，灌水铺地膜，密闭20天，能消灭大部分土壤中的细菌或害虫。

（4）选用抗病良种　选用抗耐病虫、适应能力强、高产优质的良种。如丰研2号（丰台农科所）、天津快圆、五叶茄、北京六叶茄（抗绵疫病、褐纹病能力强，易受红蜘蛛、茶黄螨为害）、七叶茄（抗绵疫病能力差）、圆杂2号、尼罗（荷兰瑞克斯旺公司，果实长形）、10-702（荷兰瑞克斯旺公司，果实长形）等品种。

（5）种子处理

①温水浸种：将种子先在冷水中预浸3～4小时，然后用50℃温水浸种30分钟或用55℃温水浸种15分钟，立即用凉水降温

备用。

②福尔马林(40%甲醛)消毒:用300倍液福尔马林浸种子5分钟,用清水洗净,晾干,备用。

③用50%的多菌灵按种子重量的0.3%拌种。如预防病毒病,可用10%的磷酸三钠浸种20～30分钟,洗净后催芽。以上方法可以用一种浸种方法再拌多菌灵,可对多种病害起预防作用。

(6)苗床消毒　用50%多菌灵可湿粉剂与50%福美双可湿粉剂按1∶1混合或用25%甲霜灵可湿粉剂与70%的代森锰锌可湿粉剂按9∶1混合,每平方米苗床用药8～10克,加细土4～5千克,2/3用于铺床面,1/3用于盖种子,能预防黄萎病、猝倒病、菌核病、白绢病多种病害。

### 2.幼苗期

主要虫害有蚜虫、粉虱;主要病害有黄萎病、猝倒病、菌核病、白绢病、青枯病、病毒病等多种病害。

(1)农业措施　要控制好苗床温度,适当控制浇水,保护地要撒上土或草木灰降湿。摘除病叶,拔除病株,带出田外处理。及时分苗,加强通风。温室大棚通风口罩尼龙纱,防止蚜虫、粉虱进入为害和传毒。嫁接防治黄萎病,接穗用本地良种,砧木用野茄2号或日本赤茄,当砧木4～5片真叶,接穗3～4片真叶,采用靠接法嫁接。

(2)化学防治　大棚用5%白菌清粉尘剂每亩1千克喷粉或45%百菌清烟剂每亩250克熏蒸。适用的喷雾药剂有78%百菌清600倍液、80%喷克800倍液、64%杀毒矾500倍液,可预防多种病害。防治蚜虫用10%的吡虫啉2 500倍液或2.5%功夫菊酯2 500倍液,还可兼治斑潜蝇、粉虱。

### 3.结果期

主要虫害为红蜘蛛、斑潜蝇和烟粉虱等；主要病害为褐纹病、绵疫病、灰霉病、黄萎病等。

(1)农业措施

①及时摘除病叶、病果和失去功能的叶片，清除田间及周围的杂草。在斑潜蝇的蛹盛期中耕松土或浇水灭蛹。这些措施可防止病害再侵染，减少害虫数量。

②适时追肥，大棚注意通风降湿，适当控制浇水，防止大水漫灌，使茄子健壮，不利病害发生。

(2)生物措施

用2%的武夷菌素200倍液或40%纹霉星200倍液防治灰霉病；用72%农用硫酸链霉素4 000倍液或50%琥胶肥酸铜(DT)500倍液，喷雾防治青枯病；用0.9%的阿维菌素3 000倍液防治红蜘蛛、斑潜蝇和烟粉虱。

(3)化学防治

①褐纹病和绵疫病同时发生时，可用易保可湿性粉剂800～1 200倍液或64%杀毒矾可湿性粉剂400～500倍液、10%世高水分散粒剂1 500倍液、58%甲霜灵锰锌500～600倍液喷雾。

②以绵疫病为主的地块用72%克露600～800倍液或58%甲霜灵锰锌500～600倍液、50%乙磷铝锰锌500～600倍液喷雾。

③以灰霉病为主的地块可用6.5%万霉灵粉尘剂每亩1千克喷粉或50%速克灵可湿性粉剂1 500倍液、50%扑海因1 000倍液喷雾。用激素蘸花时，可加入0.1%的50%速克灵可兼治灰霉病。

④青枯病可用50%琥胶肥酸铜500倍液灌根，每株300～400毫升。

⑤螨类可用73%克螨特2 000倍液或15%哒螨酮乳油1 500

倍液喷雾。

4.收获期

采收前7天禁止施用化学农药。果实采收后,清除田间遗留的病果及病残体,集中烧毁或深埋,并进行一次深耕,将表层带菌土壤翻至深层,促使病菌死亡。可减少初侵染源、控制病害的流行。

# 三、白菜绿叶类病虫害

## （一）白菜绿叶类虫害

白菜绿叶类虫害主要有菜粉蝶、小菜蛾、蚜虫类（见茄果类虫害）、菜蝽、菜螟、夜蛾类、黄曲条跳甲、根蛆类、黏虫、地老虎（见瓜类虫害）、蛴螬（见瓜类虫害）等害虫。

### 1. 菜粉蝶（菜青虫）

菜粉蝶别名菜白蝶，幼虫叫菜青虫。主要为害十字花科的甘蓝、苤菜、花椰菜、白菜、萝卜、芥菜和油菜等。

（1）为害特点　以初龄幼虫在叶背啃食叶肉，残留表皮，呈小形凹斑。3 龄以后吃叶成孔洞和缺刻。严重时只残留叶柄和叶脉。同时排出大量虫粪，污染叶面和菜心。由于幼虫为害造成的大量伤口，便于软腐病菌的侵入，常引起软腐病大发生，造成严重减产。

（2）形态特征　成虫体长 19 毫米，翅展 45～55 毫米；全身布满白色鳞片。前翅顶角有一个三角形黑斑，中室外侧有两个圆形黑斑，靠近顶角的黑斑颜色较深。雌蝶前翅翅基黑色向翅中部延伸，几乎占全翅的 1/2。雄蝶前翅后缘黑斑不明显，翅基也没有黑色部分。卵子弹头状，长约1毫米，散产，竖立，初产时乳白色，后渐变橙黄色，卵表面有许多纵列及横列的脊纹，形成长方形小格；老熟幼虫体长28～30毫米，青绿色，背中线黄色，细而不明显，体壁密布细小黑色毛瘤，上生细毛，沿气门线有黄色斑点一列。蛹长为18～21毫米，纺锤形，两端尖细，中部膨大，体背有3条纵脊，体色随环境而异，有灰黄、灰褐、青绿色（图23）。

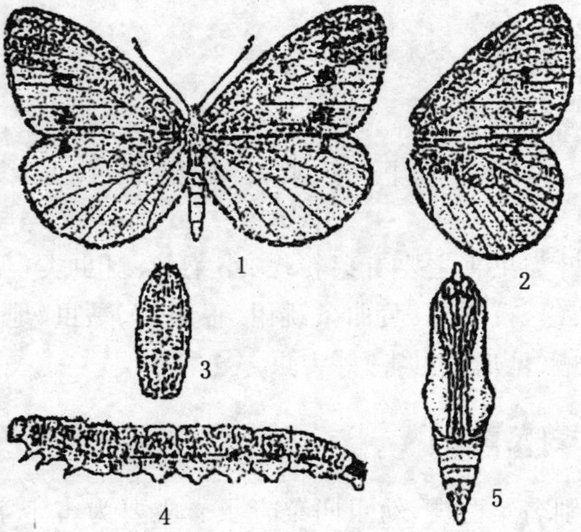


**图23　菜粉蝶**

1.雌成虫　2.雄成虫前后翅　3.卵　4.幼虫　5.蛹

（3）发生规律　菜粉蝶是1年多代的害虫，在我国大部分地区以春末夏初（4～6月）和秋冬（9～10月）两次盛发。北京地区1年发生5代，以蛹越冬。越冬场所多在秋季为害地附近的屋墙、风障、树干上以及砖头、杂草或枯枝落叶间，即在干燥而日光不直接照射、昼夜温差小的环境里越冬。越冬蛹于2月末至3月初开始羽化，由于越冬场所不同，越冬蛹羽化持续时间很长，直到4月下旬才羽化结束，致使以后世代重叠。

成虫交配后 2～3 天开始产卵，成虫只在白天活动，晚上栖息在生长较茂密的植物上。每头雌虫平均产卵 130 多粒。

菜粉蝶幼虫的适宜发育条件是：气温 16～31℃，相对湿度 60%～80%，其中最适温度为 20～25℃。气温超过 32℃，相对湿度在 60%以下，则幼虫会大量死亡。雨多而且强度大，可使卵粒脱落，低龄幼虫死亡。多风、风力大，也可使卵粒脱落，无效卵增加，影响菜粉蝶数量的消长。

(4)防治方法

①农业防治：合理布局，将白菜类蔬菜中的早、中、晚熟品种和生长期长短不同的品种与其他蔬菜错开种植，或相隔一定的距离，可减轻害虫的为害。尽量避免十字花科蔬菜连作。收菜后及时清洁田园，可减少虫源。适当调整播期，使蔬菜苗期避开害虫的为害盛期，可减轻受害。

②生物防治：Bt 乳剂（含活孢子量 100 亿/克以上）每亩用原药 100 克或采用 1 000 倍稀释浓度防治。寄生幼虫的天敌有黄绒茧蜂和微红绒茧蜂等。寄生卵的天敌有广赤眼蜂。此外，还有捕食性昆虫、蜘蛛、蛙类、鸟类等。有些病原微生物如细菌、真菌也能抑制菜粉蝶的发生。

③药剂防治：2.5%鱼藤酮乳油每亩用 100 毫升，兑水 40～50 升（有效成分 25 克）喷雾；0.3%印楝素乳油 1 500～2 000 倍液喷雾；20%灭幼脲 1 号或 25%灭幼脲 3 号悬浮剂 500～1 000 倍液喷雾。生产有机蔬菜、绿色蔬菜可采用上述防治方法。如果生产无公害蔬菜除上述方法之外还可以在施药适期应用有机磷、菊酯类药。如 40%菊杀乳油、40%菊马乳油 2 000～3 000 倍液，或 2.5%敌杀死、20%氰戊菊酯 3 000～5 000 倍液喷雾，每隔 7 天防治 1 次。

## 2.小菜蛾

小菜蛾是寡食性害虫，主要为害十字花科蔬菜和野生十字花科植物，在十字花科蔬菜中，最喜食甘蓝、花椰菜、苤蓝，其次是白菜、萝卜、油菜。小菜蛾属鳞翅目菜蛾科。

(1)为害特点　初孵幼虫钻入植物叶肉组织内为害，造成细小隧道，1龄末或2龄初，从叶肉内钻出，到叶背取食叶肉，仅留叶面表皮，形成透明斑，农民称“开天窗”。3～4龄将叶食成孔洞，严重时叶片呈网状。幼虫有集中为害菜心的习性。幼虫对留种菜除嫩叶外，还为害嫩茎、嫩荚，可将种子咬食一空，严重影响菜籽的产量。

(2)形态特征　成虫体长6～7毫米，翅展12～15毫米。雄蛾前翅灰黑色或灰白色，雌蛾淡灰褐色。前后翅线毛长，前翅线毛翘起如鸡尾，组成3个连串的黄白色斜方块；卵为淡黄色，扁平，椭圆形，表面光滑，单产或3～5粒排列在一起，多产于叶背；幼虫淡绿色，老熟幼虫体长10～12毫米，体上有稀疏长而黑的毛。整个虫体呈纺锤状，臀足向后伸长；蛹淡黄绿色，长5～8毫米，外有灰白色如纱的丝茧，从外面可见到蛹体(图24)。

(3)发生规律　小菜蛾1年发生2～19代，因地而异。多数地区世代重叠。华北地区1年发生5～6代。我国西北部以蛹越冬，在长江中、下游及其以南地区，终年可见各种虫态，无越冬、越夏现象。北京以蛹在向阳处的残株落叶或杂草间越冬。越冬蛹一般于4月间开始羽化。成虫白天隐藏在植株叶下或其他隐蔽处，晚间活动，高峰时间在19～21时。成虫有远距离迁飞现象。对黑光灯有强烈的趋性。成虫羽化即可交配，交配后1～2天开始产卵，成虫产卵期可达10天，平均每头雌虫产卵100～200粒，卵散产或数粒在一起，多产于寄主植物叶背面的叶脉间凹陷处。卵期3～7天。幼虫期12～27天，共分4龄。幼虫很活跃，受惊后有扭动、倒退、吐丝下垂的习性。老熟幼虫在叶脉附近或落叶上结茧化蛹，蛹

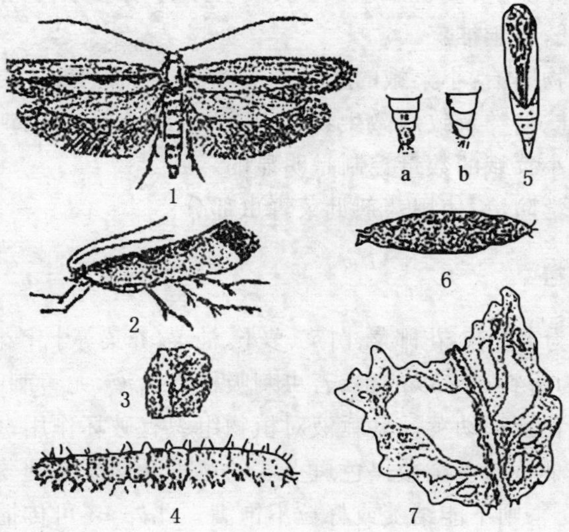


图 24 小菜蛾

1. 成虫 2. 成虫侧面观 3. 卵 4. 幼虫 5. 蛹 6. 茧 7. 被害状

a. 蛹的末端腹面 b. 蛹的末端侧面

期约 9 天。

(4)防治方法

①农业防治:将白菜类蔬菜的早、中、晚品种和生长期长、短不同品种与其他蔬菜错开种植,或相隔一定距离,打断小菜蛾的食物链。加强栽培管理、增强植株的耐害性。清除田园内残株落叶。

②灯光诱杀:小菜蛾冲击能力差,掉入黑光灯下毒瓶的机会少,若加上电网,效果会更好。

③性诱剂诱杀:用雌蛾性激素粗提取物诱杀,用当天羽化的雌蛾剪取其腹末端,用二氯甲烷、酒精等溶剂进行粗提。也可用雌蛾活体。用 60 目尼龙纱(或铜纱)做成直径为 3 厘米、长 12 厘米的圆筒形纱笼,与水盆、三脚架制成诱捕器,每笼内放入 1~2 头当天

羽化的活雌蛾，安置在田间，一次可诱杀许多雄蛾。此法简便易行，成本低，易于推广。

④生物防治：小菜蛾的天敌有寄生蜂、捕食性天敌昆虫、捕食性螨类、蛙、鸟类及致病微生物，其中菜蛾绒茧蜂、菜蛾啮小峰、菜蛾姬蜂对小菜蛾的数量控制是明显的。

⑤化学防治：使用药剂见菜青虫部分。

### 3. 菜蝽

主要为害甘蓝、花椰菜、白菜、萝卜、油菜、芥菜等十字花科蔬菜。

(1)为害特点　以成虫、若虫刺吸植物汁液，尤喜刺吸嫩芽、嫩茎、嫩叶、花蕾和幼荚。其唾液对植物组织有破坏作用，影响生长，被刺处留下黄白色至微黑色斑点。幼苗子叶期受害则萎蔫甚至枯死；花期受害则不能结荚或籽粒不饱满。此外，还可传播软腐病。

(2)形态特征　成虫体长 6～9 mm，宽 3.5～5 mm，椭圆形，橙黄或橙红色。头黑色，侧缘上卷，橙黄或橙红色。前胸背板有 6 块黑斑，腹部腹面黄白色，具 4 纵列黑斑。

(3)发生规律　以成虫在石块下、土缝、落叶、枯草中越冬。翌春 3 月下旬开始活动，4 月下旬开始交配产卵。5～9 月为成、若虫的主要为害时期。高龄若虫适应性、耐饥力都较强。

(4)防治方法

①农业防治：冬耕和清洁菜地，可消灭部分越冬成虫。

②人工防治：摘除卵块。

③药剂防治：用 1.8%害极灭乳油 3 000 倍液、2.5%溴氰菊酯 3 000 倍液、2.5%保得乳油 3 000 倍液、50%辛氰乳油 3 000 倍液、20%增效氯氰乳油 3 000 倍液、功夫菊酯乳油 3 000 倍液喷雾防治。

### 4. 菜螟

主要为害白菜类、甘蓝类、芥菜类和萝卜等根菜类蔬菜，还可为害菠菜等。

(1)为害特点　以初龄幼虫蛀食幼苗心叶，吐丝结网，轻则影响菜苗生长，重者可致幼苗枯死，造成缺苗断垅；高龄幼虫除啮食心叶外，还可蛀食茎髓和根部，并可传播细菌软腐病，引致菜株腐烂死亡。

(2)形态特征　成虫为褐色至黄褐色的近小型蛾子。体长约7毫米，翅展16～20毫米；前翅有3条波浪状灰白色横纹和1个黑色肾形斑，斑外围有灰白色晕圈。老熟幼虫体长约12毫米，黄白色至黄绿色，背上有5条灰褐色纵纹，体节上还有毛瘤。

(3)发生规律　该虫年发生3(华北)～9代(华南)，多以幼虫吐丝缀土粒或枯叶做丝囊越冬，少数以蛹越冬。在广州地区，该虫整年皆可发生为害，无明显越冬现象，但常年以处暑(8月下旬)至秋分(9月下旬)期间发生数量最多，此时以花椰菜(花蕾形成前)受害较重；9～11月以萝卜特别是早播萝卜受害重；白菜类4～11月均受害较重。凡秋季天气高温干燥，有利于菜螟发生，如菜苗处于2～4叶期，则受害更重。成虫昼伏夜出，稍具趋光性，产卵于叶茎上散产，尤以心叶着卵量最多。初孵幼虫潜叶为害，3龄吐丝缀合心叶，藏身其中取食为害，4～5龄可由心叶、叶柄蛀入茎髓为害。幼虫有吐丝下垂及转叶为害习性。老熟幼虫多在菜根附近土面或土内作茧化蛹。

(4)防治方法

①农业防治：因地制宜调节播期。在菜螟常年严重发生为害的地区，应按当地菜螟幼虫孵化规律适当调节播期，使最易受害的幼苗2～4叶期与低龄幼虫盛见期错开，以减轻为害。如大白菜、萝卜等在不影响质量前提下秋季适当迟播，可减轻为害。

②人工防治：人工捕杀。在间苗、定苗时，如发现菜心被丝缠住，即随手捕杀之。

③药剂防治：应在幼虫孵出初期和蛀心前(或心叶有丝网时)

喷施21%灭杀毙、40%氰戊菊酯5 000～6 000倍液，或2.5%功夫、20%杀灭菊酯4 000倍液，或40%菊杀乳油、40%菊马乳油3 000倍液，50%辛硫磷、50%巴丹可湿粉1 500倍液，或90%敌百虫晶体、80%敌敌畏乳油1 000倍液，或Bt乳剂、杀螟杆菌、青虫菌粉剂(微生物农药)1 000倍液。交替喷施2～3次，隔7～10天1次，喷匀喷足。

### 5.甘蓝夜蛾

甘蓝夜蛾食性极杂，已知寄主达45科100余种，蔬菜主要有甘蓝、花椰菜、白菜、萝卜、油菜、茄果类、豆类、瓜类、马铃薯等。

(1)为害特点　初孵幼虫群聚叶背，啃食叶肉，残留上表皮。2～3龄分散为害，食叶成孔，4龄后，夜间出来暴食，仅留叶脉、叶柄，老龄幼虫可将作物吃光，并成群迁移邻田为害。大龄幼虫有钻蛀习性，常钻入叶球或菜心，排出粪便，并能诱发软腐病引起腐烂，使蔬菜失去商品价值。幼虫在豌豆上取食叶片、花、嫩尖、嫩荚。

(2)形态特征　成虫体长18～25毫米，翅展45～50毫米。灰褐色，前翅有灰黑色环状纹，灰白色肾状纹，前缘近端部有3个小白点，亚外缘线白而细，沿外缘有一列黑点，后翅灰色，无斑纹。

卵：半球形，底径0.6～0.7毫米，表面具放射状三序纵棱，棱间具横隔，初产黄白色，孵化前紫黑色。

幼虫：末龄幼虫体长29.1毫米，初孵幼虫黑绿色，后体色多变，淡绿至黑褐不等。体节明显。背线、亚背线呈白点状细线，气门线及气门下线成一灰白色宽带，体背各节两侧有黑色条斑，呈倒八字形。第1、2龄幼虫缺前2对腹足，行走似尺蠖。

蛹：长约20毫米，赤褐或深褐色，背部中央有1深色纵带，臀棘较长，具2根长刺，刺端呈球状(图25)。

(3)发生规律　甘蓝夜蛾在西藏年发生1代，甘肃(酒泉)1～2代，东北、西北2代，辽宁(兴城)、华北、华中、华东2～3代，四川

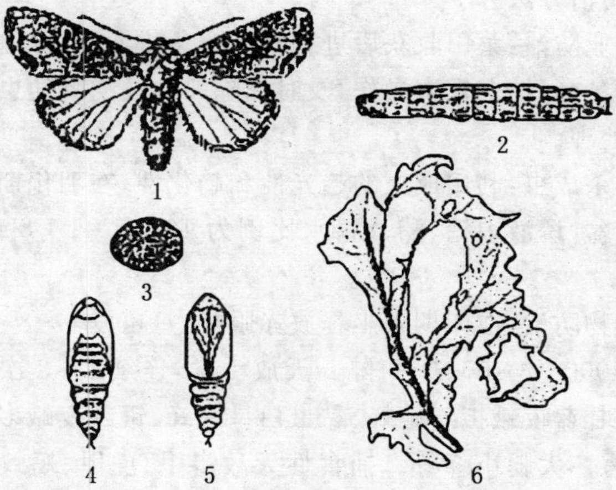


图 25 甘蓝夜蛾

1. 成虫 2. 幼虫背面观 3. 卵 4. 蛹(背面观)
5. 蛹(腹面观) 6. 叶被害状

(重庆)、湖南、陕西(泾惠)3～4 代,各地均以蛹在土中滞育越冬。越冬蛹多在寄主植物本田、田边杂草或田埂下,第二年春季 3～6 月,当气温上升达 15～16℃时成虫羽化出土,多不整齐,羽化期较长。成虫昼伏夜出,以上半夜为活动高峰,成虫具趋化性,对糖蜜趋性强,趋光性不强,雌蛾趋光性大于雄蛾,雌蛾一生交配 1 次,卵多产于生长茂盛叶色浓绿的植物上。卵发育适温 23.5～26.5℃,历期 4～5 天,当 15～17℃时历期 10～12 天。卵发育温度最高为 30℃,最低为 11.5℃。幼虫发育最适温度 20～24.5℃,历期 20～30 天。幼虫老熟后潜入 6～10 厘米表土内作土茧化蛹,蛹期一般为 10 天,越夏蛹期约 2 个月,越冬蛹可达半年以上。甘蓝夜蛾喜温暖和偏高湿的气候,日均温 18～25℃、相对湿度 70%～80%有利生长发育,温度低于 15℃或高于 30℃,湿度低于 65%或高于 85%则不利发生。

(4)防治方法

①农业防治:菜田收获后进行秋耕或冬耕深翻,铲除杂草可消灭部分越冬蛹,结合农事操作,及时摘除卵块及初龄幼虫聚集的叶片,集中处理。

②诱杀成虫:利用成虫的趋光性和趋化性,在羽化期设置黑光灯或糖醋盆(诱液中糖、醋、酒、水比例为10∶1∶1∶8或6∶3∶1∶10)。

③生物防治:在卵期人工释放赤眼蜂,每亩设6～8个点,每次每点放2 000～3 000头,每隔5天放1次,连续2～3次。幼虫期寄生蜂有甘蓝夜蛾拟瘦姬蜂、黏虫白星姬蜂、银纹夜蛾多胚跳小蜂等;蛹期有广大腿小蜂等。捕食性天敌步甲、虎甲、蚂蚁、马蜂、蜘蛛等在幼虫期也有较大作用。

④药剂防治:在幼虫3龄前施用细菌杀虫剂苏云金杆菌(Bt悬浮剂、Bt可湿性粉剂),一般含100亿孢子/克,兑水500～1 000倍液喷雾,选温度20℃以上晴天喷洒效果较好。

掌握在3龄前幼虫较集中、食量小、抗药性弱的有利时机进行化学药剂防治。常用药剂和用量参照菜粉蝶。

### 6.黄曲条跳甲

主要为害白菜、萝卜油菜、芥菜、甘蓝、花椰菜,还可为害茄果类、瓜类、豆类。

(1)为害特点 成虫、幼虫均可为害,成虫食叶肉,造成很多孔洞,以幼苗期受害最重。刚出土幼苗叶被食后,可整株死亡,造成缺苗断垄。在留种株上主要为害花蕾和嫩荚。幼虫只为害菜根,蛀食根皮,咬断须根,使叶片由外向内发黄,萎蔫而死。萝卜受害,造成许多黑色蛀斑,最后变黑而腐烂;白菜受害,叶片变黑死亡,并传播软腐病。

(2)形态特征 成虫体长2.2毫米,黑色有光泽。鞘翅中央有一黄色曲条，两端大，中部狭而弯曲。前、中足大部黑褐色，后足腿节膨大，卵淡黄色，长约 0.3 毫米，椭圆形，半透明。老熟幼虫体长约 4 毫米，长圆筒形，黄白色，头部和前胸及腹末臀板呈淡褐色，胸部和腹部均为乳白色，各节都有不明显的肉瘤，上生有细毛。蛹长约 2 毫米，椭圆形，乳白色，头部隐于前胸下面，翅芽和足达第 5 腹节，胸部背面有稀疏的褐色刚毛。腹末有一对叉状突起，叉端褐色（图 26）。

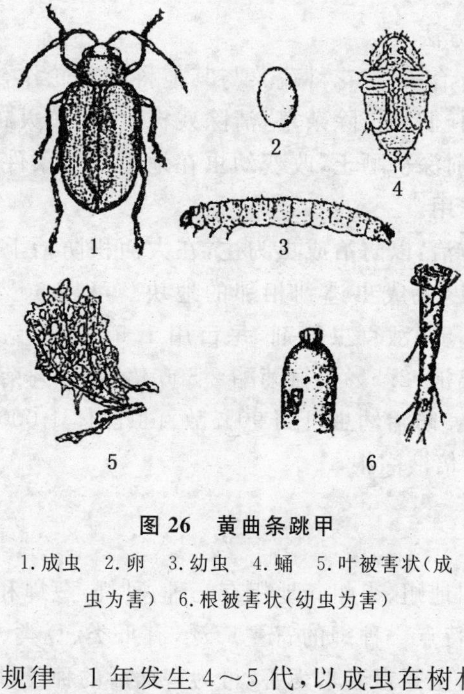


**图 26　黄曲条跳甲**

1. 成虫　2. 卵　3. 幼虫　4. 蛹　5. 叶被害状（成虫为害）　6. 根被害状（幼虫为害）

（3）发生规律　1 年发生 4～5 代，以成虫在树林、田间、沟边的落叶、杂草、土缝中潜伏越冬。第二年春天，气温在 10℃左右开始取食，15℃时食量渐增，32～34℃时食量最大。

成虫善于跳跃，高温时能飞翔。在早晚或阴雨天，躲藏于叶背或土块下，在中午前后活动最盛，有趋光性，对黑光灯敏感。成虫寿命长，最长达 1 年多，产卵期可延续 1～1.5 个月，因此世代重叠，发生不整齐。卵散产于植株周围湿润的土隙中或细根上，也可在植株基部咬一小孔产卵于内。每雌虫平均产卵 200 粒左右。气温 20℃时，卵期 4～9 天。发育起点温度为 12℃，最适温度为 26℃。卵孵化要求相对湿度达 100%，因此近沟边的菜地幼虫多。幼虫孵化后在 3～5 厘米表土层剥食根的表皮。幼虫期 11～16 天，共 3 龄。老熟幼虫在 3～7 厘米的土中作土室化蛹，蛹期约 20 天。

(4)防治方法

①农业防治：十字花科蔬菜与其他科蔬菜轮作，可减轻为害；秋后清洁田园，彻底铲除杂草，清除残株落叶，消灭越冬场所和食料基地；播种前深耕晒土，改变幼虫在地里环境条件，不利其生活且兼有灭蛹作用。

②药剂防治：以防治成虫为主，在大面积防治上，应先由菜田的四周喷药，以免成虫逃到相邻的地块。可用 50%敌敌畏乳油 1 000 倍液；2.5%敌百虫粉剂，每亩用 1.5～2 千克；50%马拉硫磷乳油 800 倍液；2.5%溴氰菊酯 2 500 倍液；40%菊马乳油 2 000～3 000 倍液。防治幼虫可用 90%敌百虫晶体 1 000 倍液或 50%辛硫磷 1 000 倍液灌根。

### 7. 根蛆

根蛆也叫地蛆、粪蛆。地蛆有三种：种蝇、葱蝇和萝卜蝇。

(1)为害特点　种蝇的寄主广泛，有瓜类、豆类、菠菜、葱及十字花科蔬菜。主要在春季为害，可为害播后的种子，取食胚乳或子叶，引起种芽畸形、腐烂而不能出苗。在留种株上为害根部，引起根茎腐烂或枯死造成减产。

葱蝇主要为害百合科蔬菜，大蒜、葱、洋葱及韭菜等均可为害。幼虫蛀入鳞茎内取食，一个鳞茎内可有幼虫十几头。受害的鳞茎被蛀食成孔洞，引起腐烂，上部叶片出现枯黄、凋萎至死亡。宿根性韭菜受害后，常造成缺苗断垅，严重时全田毁灭。种蝇和葱蝇在为害方式上有一共同特点，即以幼虫钻蛀被害部分的表皮，蛀食心部组织，在受害不太严重时，仅留有蛀孔。

萝卜蝇只为害秋菜，在白菜上幼虫先食茎基部及周围菜帮，然后向下钻食菜根或蛀食菜心。受害轻植株发育不良、畸形或脱帮，品质变劣，重者不能结球。在萝卜上幼虫不仅为害表皮，造成许多弯曲的沟道，还能蛀入内部造成孔洞，并引起腐烂，失去食用价值。

由于地蛆的为害，在白菜上造成大量伤口，有利于软腐病菌侵入，易引起腐烂病流行。

(2)形态特征　以种蝇为例介绍。种蝇成虫体长 4～6 毫米，雄虫体略小，暗黄色至暗褐色；卵为乳白色，长椭圆形，稍弯，弯内有纵沟，表面有网状纹；老熟幼虫体长 7～8 毫米，乳白色略带浅黄色，头退化，仅有一黑色口钩；蛹长椭圆形，体长 4～5 毫米，红褐色或黄褐色，尾端可见 7 对突起（图 27）。

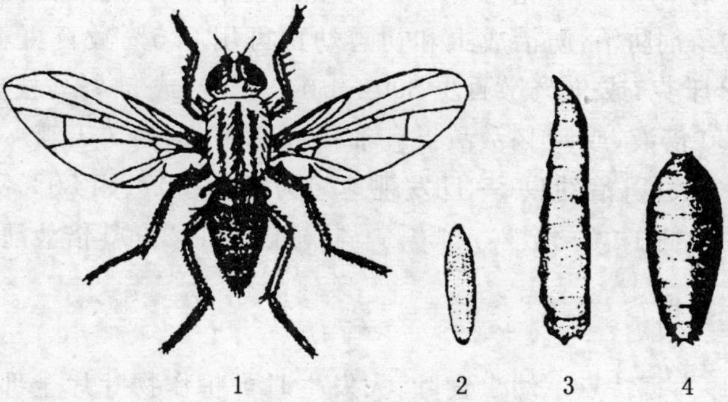


**图 27　种蝇**

1.成虫　2.卵　3.幼虫　4.蛹

(3)发生规律　种蝇在北京地区1年发生3～4代,以蛹越冬。早春即可出现成虫,成虫喜欢聚集在臭味浓的粪肥上,早晚也可躲在土缝隙中,晴天十分活跃,上午10时至下午2时数量最多。菜豆播种后,成虫就在幼苗附近土表产卵,卵期25天,孵化出幼虫就钻入菜豆嫩茎内为害。被害重者死亡,轻者即使能出土也几乎不能生长。种蝇可在黄瓜幼苗的根部产卵,为害其幼茎基部,使之凋萎,后逐渐腐烂枯死,老熟幼虫在被害植株根部土中化蛹,蛹期20天,此虫以第一代幼虫为害较重。

(4)防治方法

①农业防治:施用充分腐熟的有机肥,施肥时要做到均匀、深施,种子与肥料隔离,可明显减少种蝇产卵,减轻为害;提倡使用地热线、营养钵育苗,瓜、豆、茄果类蔬菜,播前进行浸种催芽,使出苗早、齐、匀,能减轻蛆害。

②药剂拌种和撒施毒土:1千克种子用40%二嗪农粉剂3～5克拌种。播种前,每亩用2%二嗪农颗粒剂1.25千克或5%辛硫磷颗粒剂1～1.5千克与15～30千克细土混匀,撒施在土面上。

③药剂防治:防治成虫和初孵幼虫可用2.5%敌百虫粉每亩1.5～2千克,或90%敌百虫800～1 000倍液,或50%马拉硫磷乳油1 000倍液,或80%敌敌畏乳油倍液喷雾,每隔7天喷一次,连续2～3次;防治幼虫(一旦发现地蛆为害幼苗)可用80%敌百虫可湿性粉剂1 000倍液,或50%马拉硫磷乳油2 000倍液灌根。

### 8.黏虫

(1)为害特点　幼虫食叶,大发生时可将作物叶片全部食光,造成严重损失。因其群聚性、迁飞性、杂食性、暴食性,成为全国性重要农业害虫。

(2)形态特征　成虫体长17～20毫米,体翅黄褐色,前翅中央近前缘有2个淡黄色圆斑,外侧圆斑较大,其下方有一小白点,白点两侧各有一个小黑点，在顶角有一褐色斜纹伸向后缘，外缘有7个小黑点；卵馒头形，大小约0.5毫米，初产时乳白色，孵化前呈黑褐色，表面有网状脊纹；老熟幼虫体长36～40毫米，体色变化较大，一般为黄褐色或墨绿色，头部黄褐色，头部中央有黑褐色八字纹；被蛹红褐色(图28)。

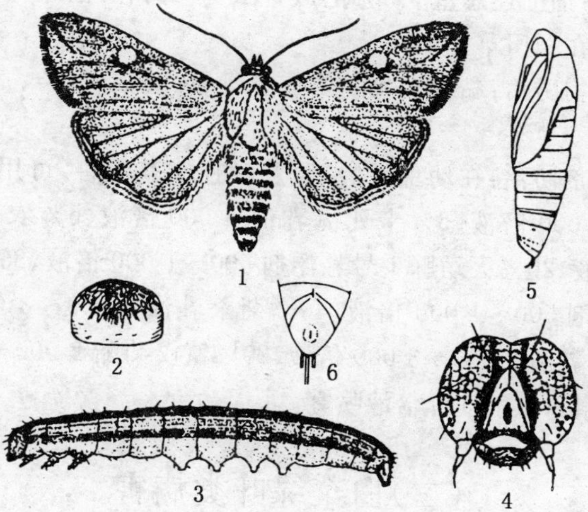


**图28 黏虫**

1.成虫 2.卵 3.幼虫 4.幼虫头部正面
5.蛹侧面 6.蛹腹部末端腹面

(3)发生规律 年发生世代数全国各地不一，从北至南世代数为：东北、内蒙古年生2～3代，华北中南部3～4代，江苏淮河流域4～5代，长江流域5～6代，华南6～8代。黏虫属迁飞性害虫。在北方以幼虫和蛹在稻桩、田埂杂草、绿肥田、麦田表土下等处越冬。成虫产卵于叶尖或嫩叶、心叶皱缝间，常使叶片成纵卷。北纬36°～39°地区，以第3代幼虫发生数量最多，7月下旬及8月上、中旬是幼虫盛发期。

(4)防治方法　防治黏虫的关键措施是做好预测预报,防治幼虫于3龄以前,有条件的地区,最好扑灭黏虫于蛾卵阶段。

①物理防治:在成虫盛发期,用糖饵诱杀剂进行诱杀。配方Ⅰ为糖醋酒诱杀剂(糖375克,醋500克,白酒125克,水250克,90%敌百虫12.5克)。配方Ⅱ为酒糟诱杀剂(酒糟1份,醋2份,水8份,另加上述总量0.1%的敌百虫)。毒饵可散放田间的诱杀盒中或喷在稻田草把上。

②生物防治:黏虫天敌主要有步行甲、蛙类、鸟类、寄生蜂、寄生蝇等。

③药剂防治:在幼虫低龄期,及时控制其为害,可用5%抑太保乳油4 000倍液、5%卡死克乳油4 000倍液、5%农梦特乳油4 000倍液、20%灭幼脲1号悬浮剂500～1 000倍液、25%灭幼脲3号悬浮剂500～1 000倍液、40%菊杀乳油2 000～3 000倍液、40%菊马乳油2 000～3 000倍液、20%氰戊菊酯2 000～4 000倍液、茴蒿素杀虫剂500倍液喷雾。

## (二)白菜绿叶类病害

白菜绿叶类病害种类有病毒病、霜霉病、软腐病、菌核病、细菌性黑腐病、黑斑病、白锈病等病害。

### 1.病毒病

白菜绿叶类蔬菜病毒病,又称孤丁病、抽风病,我国各地普遍发生,为害严重,列为三大病害之首。华北、东北、西北地区以大白菜受害最重。此病一般发病率为3%～30%,严重地块可达80%,而且感染病毒病后又易受到霜霉病和软腐病的为害,损失加重。

(1)症状识别

白菜:幼苗期受害,心叶初期产生明脉,之后沿脉褪绿,渐变为浓淡相间的花叶。病叶皱缩、变脆、扭曲畸形,有的叶背的主、侧脉上产生褐色坏死斑点,叶柄扭曲。重病株明显矮缩,不包心。

甘蓝:甘蓝受害后,幼苗叶片上产生直径为2～3毫米的褪绿圆斑,迎光观察非常明显。后期病叶呈浓淡相间的斑驳花叶,老叶背面有黑色的坏死斑。病株发育迟缓,结球较迟且疏松。开花期间叶片上表现明显的斑驳。

油菜:白菜型和芥菜型油菜症状与大白菜相似。

(2)发病规律　在华北、东北和西北地区,病毒主要在窖内贮藏的大白菜、甘蓝、萝卜等的留种株上越冬,也可在多年生宿根植物(如菠菜、芥菜等)及田边杂草上越冬。春季蚜虫把病毒从越冬种株传到春季甘蓝、萝卜、小白菜等十字花科蔬菜上,再经夏季甘蓝、白菜等传到秋白菜和萝卜上。在南方,因田间终年种植绿叶蔬菜,如菜心、小白菜和西洋菜等,病菌可周年循环。

病毒病的发生和流行主要与气候条件、栽培管理以及品种抗性有关。春秋两季蚜虫发生高峰期并遇有气温15～20℃和75%以下的相对湿度,发病重。此外,土温高、土壤湿度低,病毒病发生较重。

连作病害发生严重;反之,发病轻。东北和西北地区,秋白菜种植在夏甘蓝、萝卜附近时发病重,邻地为非白菜绿叶类蔬菜时发病轻。秋菜早播,由于正遇高温干旱,蚜虫发生也多,发病重,不同品种间抗病性有显著差异。

(3)防治方法

①选用丰产抗病良种:大白菜抗病品种有北京新1号、辽白1号、冀3号、北京大青口、包头青、山东1号、青杂5号、天津绿、秋杂2号、晋菜1号和3号等。普通白菜选用叶色深绿、花青素含量多、叶片肥厚、生长势强的品种如抗青、绿杆青菜、矮杂2号等。油菜有天津青帮、上海四月蔓、丰收4号、秦油2号、九二油菜、陇油系统等。

②农业防治：调整蔬菜布局，合理间、套、轮作；深翻起垄，施足底肥，增施磷、钾肥；适期播种，避过高温及蚜虫高峰；发现病弱苗及时拔除；苗期水要勤灌，以降温保根，增强抗性。

③治蚜防病：苗床驱蚜。根据蚜虫对银色的忌避性，应用银色反光膜驱蚜效果良好。播种后在菜地张挂5厘米宽的白色聚乙烯塑料带，间隔60厘米，高度20～50厘米，驱蚜防病效果更好。

药剂治蚜。种株窖藏地区，入窖前和出窖栽植后彻底治蚜；秋白菜播种前，喷药消灭邻近菜地及杂草上的蚜虫，避免有翅蚜迁飞传毒。

④药剂防治：发病初期开始喷洒新型生物农药——抗毒丰（0.5％菇类蛋白多糖水剂原名抗毒剂1号）300倍液或病毒1号油乳剂500倍液，或1.5％植病灵Ⅱ号乳剂1 000倍液、83增抗剂100倍液、20％病毒A可湿性粉剂500倍液，隔10天1次，连续防治2～3次。

### 2. 霜霉病

霜霉病是白菜绿叶类蔬菜的重要病害之一，全国各地均有发生。主要为害白菜、油菜、花椰菜、甘蓝、萝卜、芥菜、荠菜、榨菜等蔬菜。在气候潮湿、冷凉地区和沿江、沿海地区易流行。长江中下游地区，以秋播大白菜和青菜受害严重。流行年份大白菜发病率可达80％～90％，减产30％～50％，病株不耐贮存。

（1）症状识别　白菜绿叶类蔬菜整个生育期都可受害。主要为害叶片，其次为留种株茎秆、花梗和果荚。成株期叶片发病，多从下部或外部叶片开始。发病初期先在叶面出现淡绿或黄色斑点，病斑扩大后为黄色或黄褐色，枯死后变为褐色。病斑扩展受叶脉限制而呈多角形或不规则形。空气潮湿时，在相应的叶背面布满白色至灰白色霜状霉层，故称“霜霉病”。

（2）发病规律　病菌主要以卵孢子随病残体在土壤中，或以菌丝体在采种母株或窖贮白菜上越冬。病害的发生和流行与温、湿度关系密切，温度决定病害出现的早晚，雨量决定病害的轻重。在适温范围内，湿度越大，病害越重。气温在16～20℃，相对湿度高于70%，昼夜温差大或忽冷忽热的天气有利于病害发生。内蒙古、辽宁、吉林、黑龙江及云南7～8月开始发生，华北一带则多发生于4～5月及8～9月间。连作的田块，基肥不足，追肥不及时，抗病力下降。氮肥施用过量、生长茂密、通风不良、排水不良或过分密植的田块，株间湿度大发病重。移栽田病害往往重于直播田。不同品种间的抗病性差异显著。

(3)防治方法

①利用抗病品种：生产上先后应用的抗病品种有北京小青口、天津绿、大麻叶、绿保、巨珠、绿球、双青156等。近年来已推出一批杂交种(杂交一代)，如青杂系列、增白系列、丰抗系列等，且已广泛应用。

②农业防治：应与非白菜绿叶类进行隔年轮作，最好是水旱轮作，因为淹水不利于卵孢子存活，可减轻前期发病；适期播种，秋白菜不宜播种过早，常发病区或干旱年份应适当推迟播种；合理密植，注意及时间苗；前茬收获后，清洁田园，进行秋季深翻；加强田间肥、水管理，施足底肥，增施磷、钾肥，合理追肥。大白菜包心期不可缺肥。

③选种及种子消毒：无病株留种或播种前用25%甲霜灵可湿性粉剂、75%百菌清可湿性粉剂拌种，用药量为种子重量的0.3%。

④药剂防治：加强田间检查，重点检查早播地和低洼地，发现中心病株要及时喷药，控制病害蔓延。常用药剂有40%乙磷铝可湿性粉剂300倍液、25%甲霜灵可湿性粉剂600倍液、75%百菌清可湿性粉剂600倍液、58%甲霜灵锰·锌可湿性粉剂600倍液、64%杀毒矾可湿性粉剂500倍液和72%杜邦克露可湿性粉剂800

倍液。每亩用药液 50～100 千克，随生育期不同而有所不同，前期用量少，后期用量大。隔 7～10 天 1 次，连续防治 2～3 次。

### 3. 软腐病

软腐病是白菜绿叶类蔬菜中发生和受害最严重的病害之一。全球分布广泛，我国各省、市菜区均有发生，可为害白菜、甘蓝、花椰菜等。病害流行年份可造成大白菜减产 50%以上。北方的大白菜在窖藏期可造成烂窖。

(1)症状识别　典型症状多在植株生长中后期，特别是包心期或花球形成增长期发生，田间可见到受害植株的下部叶片发黄萎垂，细看肉质叶柄或茎基部出现湿润状淡褐色病斑，植株基部的病斑不断扩大并逐渐变软腐烂，用手触压病组织内充满黄褐色黏滑物质，从中发出难闻的恶臭。腐烂部位逐渐向上发展，可使整个包心或花球软腐。大白菜、甘蓝受害有时是从心叶顶端先发病然后逐渐向下发展。

(2)发病规律　病菌主要在病残株上越冬，成为初侵染来源。自然传播媒介主要是昆虫、灌溉水、雨水，从伤口侵入，迅速繁殖造成寄主软腐。在高温高湿条件下，腐烂组织中的细菌又借昆虫、雨水传播，引起再侵染，使病害扩展蔓延。因此，在白菜包心期，遇低温多雨，时雨时晴，气温高的天气，发病重；而受黄曲条跳甲、菜青虫为害造成伤口，病菌易侵入；地势低洼，排水不良，土壤黏重，施用未经腐熟的肥料，与茄科蔬菜连作等，病害发生严重。

(3)防治方法

①选种抗病品种：选种抗病品种或杂交 1 代。主要抗病品种有绿宝、连白 1 号、新杂 1 号、青杂 3 号、大白菜北京 100 等。蔬菜品种间抗病性差异很大，各地可因地制宜选用。

②农业防治：尽可能不与寄主作物连作或邻作，与水稻轮作一

年便可以大大减少菌源；清洁田间，彻底清除病残体，勿施用以烂菜堆制、尚未腐熟的土杂肥；翻晒土壤，起高畦整平畦面；小水勤浇，不可漫灌；发现初发病株立即拔除，并在病穴上施石灰消毒。

③药剂拌种：种子可用“灵丰”按种子量0.3%～0.5%拌种。

④药剂防治：掌握在发病初期喷药。选用20%速补可湿性粉剂800～1 000倍液，农用链霉素或新植霉素4 000倍液，或72%硫酸链霉素可溶性粉剂3 000～4 000倍液，每隔7～10天喷1次，连续2～3次，或每公顷用71%爱力杀可湿性粉剂1 050～1 350克，加水喷雾，或4 500克菜丰宁 $B_1$ 兑水830倍液灌根。

#### 4.菌核病

(1)症状识别　主要为害大白菜、普通白菜、紫菜薹等白菜类蔬菜，贮藏期菜帮及田间植株均可受害。幼苗期轻病株无明显症状，重病株根茎腐烂并生白霉，大田栽植后病情不断扩展，至抽薹后达高峰。病株茎秆上出现浅褐色凹陷病斑，后转为白色，皮层朽腐，纤维散离成乱麻状，茎腔中空，内生黑色鼠粪状菌核。在高湿条件下，病部表面长出白色棉絮状菌丝体和黑色菌核。受害轻的造成烂根，致发育不良或烂茎，植株矮小，产量降低；受害严重的茎秆折断，植株枯死(图29)。

(2)发病规律　病菌主要以菌核混在土壤中或附着在采种株上、混杂在种子间越冬或越夏，在春、秋两季多雨潮湿，菌核萌发，产生子囊盘放射出子囊孢子，借气流传播，子囊孢子在衰老的叶片上，进行初侵染引起发病，后病部长出菌丝和菌核，在田间主要以菌丝通过病健株或病健组织的接触进行再侵染，到生长后期又形成菌核越冬。白菜菌核病子囊孢子属气传病害类型，其特点是气传的子囊孢子致病力强，从寄主的花，衰老叶或伤口侵入，以病健组织接触进行再侵染。

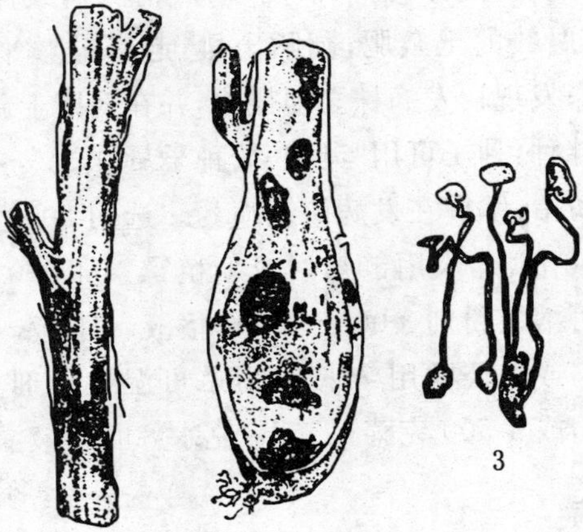


图 29　菌核病

1,2. 被害状　3. 病菌菌核及子囊盘

(3)防治方法

①农业防治:轮作、深翻及加强田间管理。最好能与稻麦等禾本科作物进行隔年轮作;收获后及时翻耕土地,把子囊盘埋入土中12 厘米以下,使其不能出土;合理密植;施足腐熟基肥,合理施用氮肥,增施磷钾肥均有良好的防治效果。

②药剂防治:发病初期喷洒 50%速克灵可湿性粉剂 2 000 倍液,或 50%扑海因可湿性粉剂 1 500 倍液,或 50%农利灵可湿性粉剂 1 000 倍液,或 40%多 · 硫悬浮剂 500~600 倍液、50%甲基硫菌灵 500 倍液、20%甲基立枯磷乳油 1 000 倍液。此外,可用菜丰宁 100 克兑水 15~20 升,把根在药水中浸蘸一下后定植,防效好。

### 5.细菌性黑腐病

(1)症状识别　病株多在叶缘形成“V”字形病斑,逐渐向内扩展,病斑周围组织变黄,重时叶片干枯。有时病菌沿叶脉发展形成网状黄脉,或为害菜帮形成淡褐色干腐。也有时菜根维管束变黑、腐烂,形成黑色空心的干腐,俗称黑腐病。

(2)发病规律　细菌引起的病害。病菌随种子、种株或病残体在土壤中越冬。播种带病种子引起幼苗发病,病菌通过雨水、灌溉水、农事操作和昆虫进行传播,多从水孔或伤口侵入。高温多雨,早播,与十字花科作物连作,管理粗放,虫害严重的地块,病害重。

(3)防治方法

①无病株采种;播种时进行种子消毒,可用45%代森铵水剂400倍液浸种20分钟,洗净晾干后播种,或用50℃温水浸种20分钟,用冷水降温,或用种子重量0.3%的50%福美双可湿性粉剂拌种。

②与非白菜绿叶类蔬菜实行2～3年轮作。

③适时播种,苗期适时浇水,合理蹲苗,及时拔除田间病株并带出田外深埋,并对病穴撒石灰消毒。

④药剂防治:发病初期及时喷施“天达2116”800倍液加“天达诺杀”1 000倍液、72%农用链霉素可溶性粉剂4 000倍液、新植霉素4 000倍液、47%加瑞农可湿性粉剂800倍液、70%敌克松可溶性粉剂1 000倍液等。

### 6.黑斑病

黑斑病是白菜绿叶类蔬菜的常发病害,可为害白菜、甘蓝、萝卜、油菜、花椰菜、芥菜、芜菁等。我国北方菜区比南方菜区发生普遍且较严重,尤其是大白菜生长的中后期受黑斑病为害,中下部叶片大量枯干,叶片松散不能形成紧密结实的叶球,既减产又降低品质。

(1)症状识别　主要为害叶片,也可为害叶柄、茎、花梗和种荚。叶片主要是下至中部的叶受害,新叶则较抗病。染病叶片开始出现湿润状小斑点,逐渐扩大成灰褐色至黑褐色近圆形的病斑,有较明显的同心轮纹,病斑外围有黄色晕环。病斑大小随不同菜种而异,菜心、小白菜、油菜的较小,直径 2～6 毫米;大白菜的可达 15～20 毫米;甘蓝、花椰菜的 5～30 毫米。天气潮湿时在病斑的正反面均可见到灰黑色霉层,叶柄、茎、花梗或种荚染病出现不定型或近椭圆形黑褐色的病斑,潮湿时亦长出黑色霉层(图 30)。

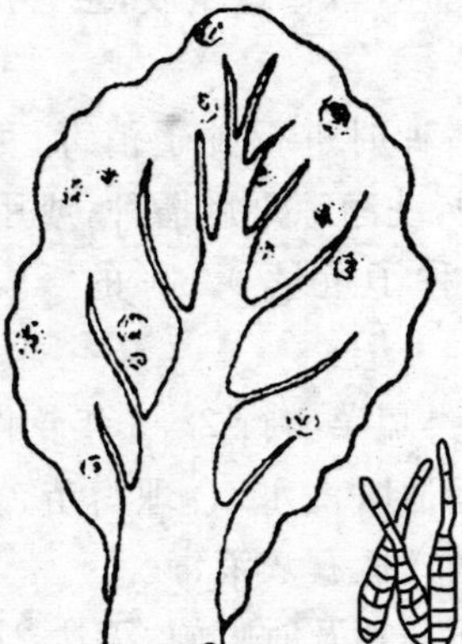

1　　2

**图 30　白菜黑斑病**

1. 症状　2. 分生孢子

(2)发病规律　该病菌有较强的腐生能力。菌丝和分生孢子可在病残体或土壤中越冬、越夏;病荚所结的种子也可以带菌,这些都是下一生长季发病的初侵染来源。分生孢子通过气流、风雨传播,分生孢子萌发进行初侵染。如播种带菌种子,长出幼苗后,条件适宜时即可发病。初侵染发病后又可长出大量新的分生孢子，传播后可频频进行再侵染。此病害的流行要求高湿度和稍偏低的温度(16～20℃最适)。耕作粗放、菜田低洼、杂草丛生、土壤贫瘠，尤其是在生长中后期肥力不足，植株长势差，抗病性削弱，都可能诱发病害的流行。

(3)防治方法

①农业防治：与白菜绿叶类蔬菜轮作；作物收获后彻底清园销毁病残体，翻晒土壤；高畦深沟植菜，增施优质有机底肥，适当增施磷钾肥。

②种子处理：用种子重量0.2%～0.3%的40%灭菌丹可湿性粉剂、50%福美双可湿性粉剂或50%扑海因可湿性粉剂拌种。

③喷药防治：发病初期可选用75%百菌清可湿性粉剂500～600倍液，10%世高水分散性颗粒剂1 200～1 500倍液，50%扑海因可湿性粉剂1 000倍液，70%代森锰锌可湿性粉剂500倍液，50%多菌灵可湿性粉剂500倍液，隔7～10天喷1次，连续喷2～3次。

### 7.白锈病

(1)症状识别　大白菜、普通白菜白锈病主要为害叶片。发病初期在叶背面生稍隆起的白色近圆形至不规则形疱斑，即孢子堆。其表面略有光泽，有的一张叶片上疱斑多达几十个，成熟的疱斑表皮破裂，散出白色粉末状物，即病菌孢子囊。在叶正面则显现黄绿色边缘不明晰的不规则斑，有时交链孢菌在其上腐生，致病斑转呈黑色。种株的花梗和花器受害，致畸形弯曲肥大，其肉质茎也可现乳白色疱状斑，成为本病重要特征。此病除为害白菜类蔬菜外，还侵染芥菜类、根菜类等十字花科蔬菜。

(2)发病规律　在寒冷地区病菌以菌丝体在留种株或病残组织中或以卵孢子随同病残体在土壤中越冬。翌年，卵孢子萌发，产生孢子囊和游动孢子，游动孢子借雨水溅射到白菜下部叶片上，从气孔侵入,完成初侵染,后病部不断产生孢子囊和游动孢子,进行再侵染,病害蔓延扩大,后期病菌在病组织里产生卵孢子越冬。在温暖地区,寄主全年存在,病菌可以孢子囊借气流辗转传播,完成其周年循环,无明显越冬期。白锈菌在0～25℃均可萌发,潜育期7～10天。如低温多雨,昼夜温差大、露水重,连作或偏施氮肥,植株过密,通风透光不良及地势低排水不良田块发病重。

(3)防治方法

①与非白菜绿叶类蔬菜进行隔年轮作。

②蔬菜收获后,清除田间病残体,以减少菌源。

③发病初期喷洒25%甲霜灵可湿性粉剂800倍液,或50%甲霜铜可湿性粉剂600倍液,或58%甲霜灵·锰锌可湿性粉剂500倍液,或64%杀毒矾可湿性粉剂500倍液,每亩喷药液50～60升,隔10～15天1次,防治1～2次。

## (三)大白菜病虫害周年防治历

### 1.播种前

(1)农业措施

①合理轮作:选禾本科作物及非十字花科蔬菜轮作,避免重茬。与大蒜、大葱间作可减轻软腐病、病毒病为害。

②深耕翻土:前茬收获后,清除残留枝叶,立即深翻20厘米以上,晒垄7～10天,压低虫口基数和病菌数量。

③合理施肥:增施腐熟的圈肥,每亩施5 000千克,配施过磷酸钙30千克、硫酸钾10千克。

④选择抗病品种:抗病毒病、霜霉病、软腐病的品种有鲁白1号、鲁白2号、鲁白3号、山东2号、山东6号、夏优2号、西白1号;抗病毒病、软腐病的品种有鲁白8号、山东12号、山东4号;抗

病毒病品种有鲁白 10 号、鲁白 11 号、青杂 5 号、城青 2 号、北京新 1 号;抗软腐病品种有青杂 3 号、天津绿、泰白 3 号;抗黑斑病品种有天津绿等。

⑤起垄栽培:夏、秋大白菜提倡起垄栽培,夏菜用小高垄栽培或半高垄栽培,秋菜实行高垄栽培或半高垄栽培,利于排水,减轻软腐病和霜霉病等病害。

⑥适期播种:秋大白菜应适期晚播,一般于立秋(8 月 7 日)后 5～7 天播种,以避开高温,减轻病毒病等为害;春大白菜适当早播。阳畦育苗可提前 20～30 天播种,春大棚育苗的可在 2、3 月份播种,减轻病虫害。

(2)种子处理(温汤浸种) 精选种子后,将种子在冷水中浸润,然后放入 55℃温水中,保持 15 分钟,立即捞出放入冷水中降温,捞出催芽。

## 2.幼苗期(出土至团棵)

这个时期防蚜虫、菜青虫和其他地下害虫及病毒病。

(1)农业措施

①三水起苗,五水定棵,即播种当天和次日各浇一水,齐苗后浇第三次水,到定苗前结合间苗再浇两次水,促进苗齐、苗壮,提高抗病力。第一次间苗后结合浇水少量追肥。

②苗床育苗,播种后覆盖防虫网,防止蚜虫传播病毒病。

(2)物理措施 蚜虫具有趋黄色性,因而设黄板诱杀蚜虫。每亩放 20～30 块黄板于菜田中,也可挂银灰色或乳白色反光膜拒蚜。

(3)生物措施

①用 Bt 乳剂 500～800 倍液、25%灭幼脲 3 号悬浮剂 1 000 倍液液、5%抑太保乳油 2 000～3 000 倍液喷雾,可防治菜青虫、甜菜夜蛾、小菜蛾、菜螟等。

②用2%宁南霉素(菌克毒克)水剂200～250倍液喷雾,或1∶(20～140)倍鲜豆浆液喷雾,每隔5～7天喷1次,共喷4～5次,可防治病毒病。

(4)化学防治

①防治蚜虫:10%吡虫啉可湿性粉剂1 500倍液喷雾。

②定植前后防治病毒:1.5%植病灵1 000倍液加20%病毒A 600,20%病毒威可湿性粉剂500～600倍液喷雾。

### 3.团棵至收获期

这个时期主要虫害有菜青虫、小菜蛾、红蜘蛛、蚜虫、甜菜叶蛾、甘蓝夜蛾等;病害主要有软腐病、霜霉病、病毒病、黑斑病、叶霉病、黑腐病等。

(1)农业措施

①注意田间雨后排水,降低田间湿度。

②发现软腐病株及时清除。再对病穴用生石灰消毒,防止软腐病菌传播。

(2)生物措施　1%农抗武夷菌素水剂150～200倍液喷雾,可防治大白菜白粉病、霜霉病、叶霉病;72%农用硫酸链霉素可溶性粉剂4 000～5 000倍液,或2%中生菌素水剂200倍液喷雾,可防治软腐病;100万单位新植霉素粉剂4 000～5 000倍液喷雾,可防治软腐病、黑腐病;每亩用Bt乳剂500～800倍液、25%灭幼脲3号悬浮剂1 000倍液、5%抑太保乳油2 000～3 000倍液喷雾,可防治菜青虫、小菜蛾、甜菜夜蛾;用0.9%或1.8%阿维菌素乳油每亩20～40毫升,兑水50～60千克可防治菜青虫、小菜蛾、红蜘蛛、蚜虫等。

(3)化学防治

①防治霜霉病:发现霜霉病病株立即喷药,控制中心病株,防止传播。用72%克露可湿性粉剂600～800倍液防治。

②防治软腐病：在发病初期（包心期），以轻病株及其周围为重点，喷 77%可杀得可湿性粉剂 1 000 倍液防治。喷药时注意喷洒近地表叶柄和基部。隔 6～7 天喷 1 次，连喷 2～3 次。

③防治蚜虫：可选用 10%吡虫啉可湿性粉剂 1 500 倍液喷雾。

④防治菜青虫、菜螟、小菜蛾：可采用 15%安打水悬浮剂 3 500～4 000 倍液、50%辛硫磷 1 000 倍液喷雾。

⑤防治病毒病：20%病毒威可湿性粉剂 500～600 倍液，或 20%病毒 A 可湿性粉剂 600 倍液，或 1.5%植病灵乳油 1 000～1 500 倍液喷雾。

## （四）西兰花病虫害周年防治历

### 1. 播种前

（1）农业措施

①深耕翻土：前茬收获后，清除残留枝叶，立即深翻 20 厘米以上，晒垡 7～10 天，压低虫口基数和病菌数量。

②合理施肥：亩施农家肥 3 000～4 000 千克作底肥，磷酸二铵每亩 12.5～15 千克，硫酸钾每亩 5～8 作种肥，播种或定植时施入。

③品种选择：选择优秀、绿国、丽贝卡、绿宝石蔓、陀绿、绿带子等品种。

④适期播种：大棚栽培 2 月中旬播种育苗，4 月上旬定植；露地栽培 3 月上旬播种育苗，4 月下旬定植；秋季露地栽培，7 月中旬播种育苗，8 月中旬定植。

⑤播种育苗方法：畦宽 1～1.2 米，浇透底水每平方米播量 5～7 克，覆土厚度 0.5 厘米，2 片真叶分苗，也可用 6.5 厘米×6.5 厘米育苗钵直接播种育苗。

(2)种子处理

①温汤浸种:精选种子后,将种子在冷水中浸润,然后放入55℃温水中,保持15分钟,立即捞出放入冷水中降温,捞出催芽。

②药剂拌种:50%多菌灵可湿性粉剂按种子重量的0.3%~0.5%拌种。

**2.幼苗期(从第1片真叶展开到第1叶球形成)**

这个时期防蚜虫、菜青虫和其他地下害虫及病毒病。

(1)农业措施

①育苗期管理:苗床育苗,播种后覆盖防虫网,防止蚜虫传播病毒病。出苗后保持温度20~22℃,进入正常生长期温度保持18~20℃,定植前7~10天大通风炼苗,将温度降到10~12℃。水分管理在育苗期要严格控制浇水,防止徒长。

②定植方法:行株距(60~65)厘米×(28~30)厘米,春季露地栽培要覆地膜,抢早上市。防止生育期拖后,在结球期遇高温花球出现毛花,降低品质和商品性。

③水分管理:定植水一次浇足,3~5天再浇一次缓苗水。缓苗后到花蕾形成前,小水勤浇保持土壤见干见湿。在湿润的条件下生长良好,不耐干旱,适宜生长的空气湿度为80%~90%,土壤湿度为70%~80%。气候干燥,土壤水分不足,则长势弱,花球小而松散,品质差。西兰花苗期需要湿润的土壤,但出苗后水分不宜过多,生长期由于叶面积迅速扩大,蒸腾作用加强,需水量增大,花球形成期叶面积达最大值,花球生长需充足的养分和水分,该时期需水最多。

④追肥管理:定植后15~20天进行第1次追肥,最好用复合肥,亩用量25~30千克;第2次追肥在顶花球出现后追施15~20千克复合肥。

(2)物理措施　蚜虫具有趋黄色性,因而设黄板诱杀蚜虫。

每亩放 20～30 块黄板于菜田中，也可挂银灰色或乳白色反光膜拒蚜。

(3)生物药剂防治

①用 Bt 乳剂 500～800 倍液、25％灭幼脲 3 号悬浮剂 1 000 倍液、5％抑太保乳油 2 000～3 000 倍液喷雾，可防治菜青虫、甜菜夜蛾、小菜蛾、菜螟等。

②用 0.5％云菊(除虫菊素)乳油 1 000～3 000 倍液，苦参碱 0.04％水剂 400 倍液，在发生初期喷雾，隔 3～5 天 1 次，连喷 2～3 次；用 3％除虫菊素乳油，兑水稀释成 800～1 200 倍液喷雾防治蚜虫。

③用 2％宁南霉素(菌克毒克)水剂 200～250 倍液喷雾，或 1∶(20～40)倍鲜豆浆液喷雾，每隔 5～7 天喷 1 次，共喷 4～5 次，可防治病毒病。

④定植前后防治病毒：1.5％植病灵 1 000 倍液加 20％病毒 A 600，20％病毒威可湿性粉剂 500～600 倍液喷雾。

### 3.莲座期至花球生长期

这个时期主要虫害有菜青虫、小菜蛾、红蜘蛛、蚜虫、甜菜叶蛾、甘蓝夜蛾等；病害主要有软腐病、霜霉病、病毒病、黑斑病、叶霉病、黑腐病等。

(1)农业措施

①注意田间雨后排水，降低田间湿度。

②发现软腐病株及时清除。再对病穴用生石灰消毒，防止软腐病菌传播。

(2)生物药剂防治

①1％农抗武夷菌素水剂 150～200 倍液、科佳 2 000～2 500 倍液，对茎叶进行全面均匀喷雾。间隔 10 天左右施药 1 次，连续施 2～3 次，可防治白粉病、霜霉病、叶霉病。

②72%农用硫酸链霉素可溶性粉剂 4 000～5 000 倍液，或 2%中生菌素水剂 200 倍液、高锰酸钾 3 000～4 000 倍液、100 万单位新植霉素粉剂 4 000～5 000 倍液喷雾，可防治软腐病、黑腐病。

③防病毒病：20%病毒威可湿性粉剂 500～600 倍液，或 20%病毒 A 可湿性粉剂 600 倍液，或 1.5%植病灵乳油 1 000～1 500 倍液喷雾。

④防虫：每亩用 Bt 乳剂 500～800 倍液、25%灭幼脲 3 号悬浮剂 1 000 倍液、5%抑太保乳油 2 000～3 000 倍液喷雾，可防治菜青虫、小菜蛾、甜菜夜蛾。用 0.5%云菊(除虫菊素)乳油 1 000～3 000 倍液、苦参碱 0.04%水剂 400 倍液，在发生初期喷雾，隔 3～5 天 1 次，连喷 2～3 次；用 3%除虫菊素乳油，兑水稀释成 800～1 200 倍液喷雾，或 10%吡虫啉可湿性粉剂 1 500 倍液、0.5%云菊(除虫菊素)乳油 1 000～3 000 倍液喷雾可防治蚜虫。

# 四、豆类病虫害

## （一）豆类虫害

### 1.豆荚螟

（1）为害特点　以幼虫在豆荚内蛀食豆粒，被害籽粒重则蛀空，仅剩种子柄；轻则蛀成缺刻，几乎都不能作种子；被害籽粒还充满虫粪，变褐以致霉烂。

（2）形态特征　成虫全身灰褐色，前翅狭长，色灰紫，后翅灰白色。幼虫背部紫红色，腹部绿色，背板上有“人”字形黑斑，全身腺体明显，气门黑色（图31）。

（3）发生规律　旱年发生较重，重茬地较重，高坡、丘陵地较重。

（4）防治方法

①农业防治：合理轮作，可采用大豆与水稻等轮作，或玉米与大豆间作的方式，减轻豆荚螟的为害；灌溉灭虫，在水源方便的地区，可在秋、冬灌水数次，提高越冬幼虫的死亡率，在夏大豆开花结荚期，灌水1～2次，可增加入土幼虫的死亡率；选种抗虫品种；豆科绿肥在结荚前翻耕沤肥，种子绿肥及时收割，尽早运出本田，减

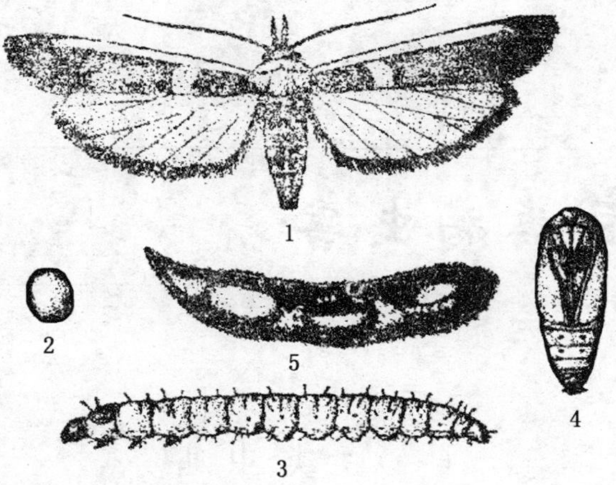


**图 31　豆荚螟**

1.成虫　2.卵　3.幼虫　4.蛹　5.被害状

少本田越冬幼虫的量。

②生物防治：于产卵始盛期释放赤眼蜂，对豆荚螟的防治效果可达 80%以上；老熟幼虫入土前，田间湿度高时，可施用白僵菌粉剂，减少化蛹幼虫的数量。

③药剂防治：老熟幼虫脱荚期，毒杀入土幼虫，以粉剂为佳，主要有 2%杀螟松粉剂、12%倍硫磷粉等，每亩 1.5～2 千克。

### 2.豆野螟

(1)为害特点　被害蕾易脱落，被害荚的豆粒蛀孔口常有绿色粪便，虫蛀荚常因雨水灌入而腐烂。幼虫为害叶片时，常吐丝把两叶粘在一起，躲在其中咬食叶肉、残留叶脉，叶柄或嫩茎被害时，常在一侧被咬伤而萎蔫至凋萎。

(2)形态特征　成虫是一种蛾子，体黄褐色，前翅黄褐色，后翅白色、半透明。幼虫头黄褐色，前脑背板黑褐色(图 32)。

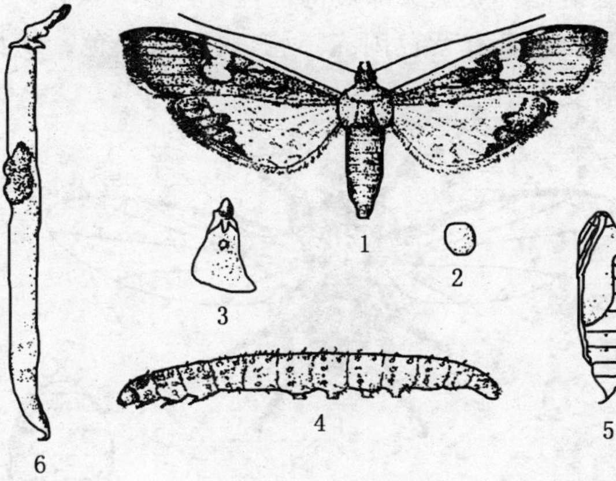


图 32　豆野螟

1.成虫　2.卵　3.产于花瓣上的卵　4.幼虫　5.蛹　6.被害状

(3)发生规律　1 年发生 4～5 代。以蛹在土壤中越冬,越冬代成虫出现于 6 月中、下旬,基本是 1 个月 1 代,第 1、2、3 代分别在 7 月、8 月和 9 月上旬出现,第 4 代在 9 月上旬至 10 月上旬出现,10 月下旬以蛹越冬。

(4)防治方法

①农业防治:及时清理田园。在面积较大的地方,有条件时可安装黑光灯诱杀成虫。

②药剂防治:在发生的田块中,最好从发现初孵幼虫时即开始喷药,可选用 300 倍液的杀螟松或 3 000～4 000 倍液的杀灭菊酯或 800 倍液的敌敌畏,每 10 天左右喷施 1 次。

### 3.豌豆潜叶蝇

(1)为害特点　幼虫潜叶为害,蛀食叶肉形成曲折隧道,影响蔬菜生长。豌豆受害后,影响豆荚饱满及种子品质和产量。

(2)形态特征　成虫头部黄褐色,触角短小,黑色。胸部隆起,前翅半透明,白色带有紫色闪光。胸、腹部灰黑色。幼虫蛆形,初为乳白色,后变黄白色,头小(图 33)。

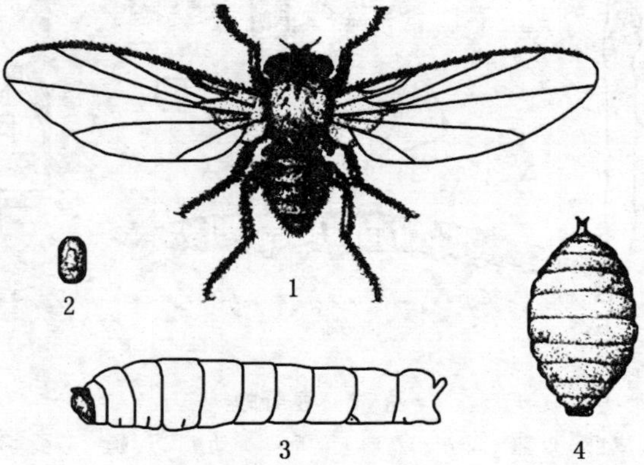


**图 33　豌豆潜叶蝇**

1.成虫　2.卵　3.幼虫　4.蛹

(3)发生规律　华北 1 年发生 5 代,长江流域可发生 10～13 代。长江以南南岭以北以蛹越冬为主,也有少数幼虫或成虫过冬;华南地区可周年活动,无越冬现象。

(4)防治方法

①农业防治:早春及时清除田间、田边杂草;清洁田园。

②诱杀成虫:用黏虫板诱杀成虫。以诱杀剂点喷部分植株,诱杀剂以甘薯或胡萝卜煮液为诱饵,加 0.5%敌百虫为毒剂制成,每隔 3～5 天点喷 1 次,共喷 5～6 次。

③药剂防治:喷药宜在早晨或傍晚,注意交替用药,最好选择兼具内吸和触杀作用的杀虫剂,如 20%康福多乳油 2 000 倍液,或 40%绿菜宝乳油 1 000～1 500 倍液。

### 4. 大豆蚜

(1)为害特点　受害叶片卷缩，根系发育不良，植株矮小，早期落叶，结荚率低。苗期受害重时整株枯死。

(2)形态特征　成虫卵圆形，黄或黄褐色。触角淡黑色与身体同长。

(3)发生规律　大豆蚜 1 年发生 10 余代。春季雨水充沛，营养条件好，利其繁殖。夏季盛发期前，旬均温在 22～25℃，相对湿度在 78%以下时，最适发生为害。盛夏高温则虫口自然消减。

(4)防治方法

①农业防治：及时铲除田边、沟边、塘边杂草，减少虫源。利用银灰色膜避蚜和黄板诱杀。

②生物防治：利用瓢虫、草蛉、食蚜蝇、小花蝽、烟蚜茧蜂、菜蚜茧蜂等控制蚜虫。

③药剂防治：蚜虫发生量大，要在苗期或蚜虫盛发前防治。当有蚜株率达 10%或平均每株有虫 3～5 头，即应防治。目前可选用 40%克蚜星乳油 800 倍液、5%增效抗蚜威液剂 2 000 倍液、2.5%天王星乳油 3 000 倍液。

### 5. 豌豆蚜

(1)为害特点　被害植株矮小，节间缩短，叶片卷缩；嫩头被害也会卷缩，结荚率降低，严重时植株枯萎死亡。

(2)形态特征　豌豆蚜翠绿色，头黄绿色，复眼红褐色。触角与体长相近或稍长。

(3)发生规律　豌豆蚜 1 年多代，春季繁殖为害，在豌豆开花结荚期为害最重。成蚜和若蚜都很脆弱，遇振动就落地，大雨可直接击落大量蚜虫。

(4)防治方法

①生物防治:豌豆蚜的捕食性天敌为草蛉科、食蚜蝇科、姬蝽科等的一些种类,瓢虫科的二星瓢虫、七星瓢虫、横斑瓢虫等属的一些种类,还有多种蜘蛛;内寄生昆虫有蚜茧蜂属及蚜小蜂属的一些种类。

②药剂防治:可用每枚 50 克的灭杀烟剂,每亩用 4 枚,或用 20%氰戊菊酯 2 000～3 000 倍液进行叶面喷雾防治。喷雾时做到均匀不漏,药剂交替使用。

## (二)豆类病害

### 1.豆类锈病

(1)症状识别　发病初期,叶背产生淡黄色小斑点,后变锈褐色,隆起呈小脓疱病斑,扩大后表皮破裂,散出红褐色粉末,叶正面则形成褐绿斑点(图 34)。

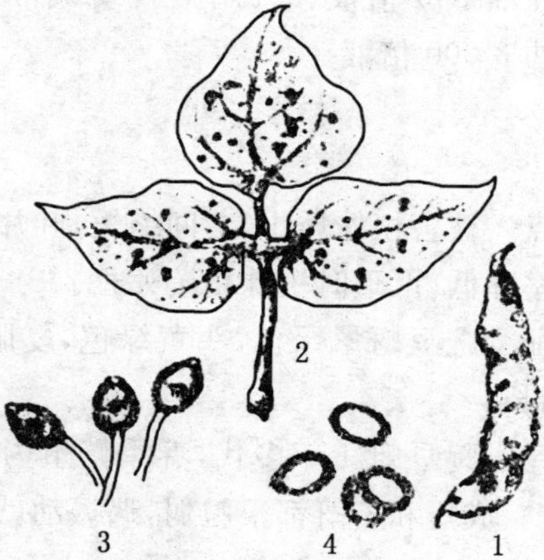


**图 34　豆类锈病**

1,2.症状　3,4.病原菌

(2)发病规律　高温、高湿有利于锈病的发生，地面不平、存有积水是诱发的主要条件；日间蒸发、夜晚积露能使病害加重。此外，植株过密、荫蔽不通风也使病害加重。

(3)防治方法

①农业防治：清洁田园，消灭病残体。加强田间管理，适当密植，防止田间积水，摘除老叶、病叶，改变田间小气候，使之通风良好，降低锈菌的繁殖与传播蔓延。选育抗病品种。在菜豆蔓生种中，细花种比较抗病，如穗圆 8 号。

②药剂防治：发病初期喷洒 50%萎锈灵乳油 800 倍液，或 50%硫磺悬浮剂 200～300 倍液，隔 7～8 天防治 1 次。如用 15%粉锈宁可湿性粉剂 2 000～3 000 倍液，或 40%唑酮可湿性粉剂 4 000 倍液，隔 20 天喷洒 1 次，防病效果好。

### 2. 菜豆细菌性疫病

(1)症状识别　叶片发病初生暗绿色油渍状小斑点，扩大后呈不规则形，深褐色，周围有黄色晕环。发病重时，病斑愈合，全叶干枯，似火烧状。茎蔓发病呈红褐色溃疡状条斑，中央略凹陷，病斑绕茎一周后，上部茎叶萎蔫后枯死。荚上病斑红褐色，稍凹陷，近圆形或不规则形，严重的豆荚皱缩可使种子染病，产生暗褐色或黄色凹陷斑(图 35)。

(2)发病规律　高温高湿有利于发病，气温 24～32℃，叶面有水滴是该病发生的重要条件。一般夏秋季多雨、多雾和露重的环境条件，适于病害的发生和蔓延。此外，低洼积水地、大水浸灌、偏施氮肥、植株徒长、插架不及时或红蜘蛛、蚜虫等为害严重，均会使病害加重。

(3)防治方法

①农业防治：选用抗病品种或无病种子。与非豆科作物实行 2～3 年轮作。加强栽培管理，避免田间积水和湿度过大。应与非

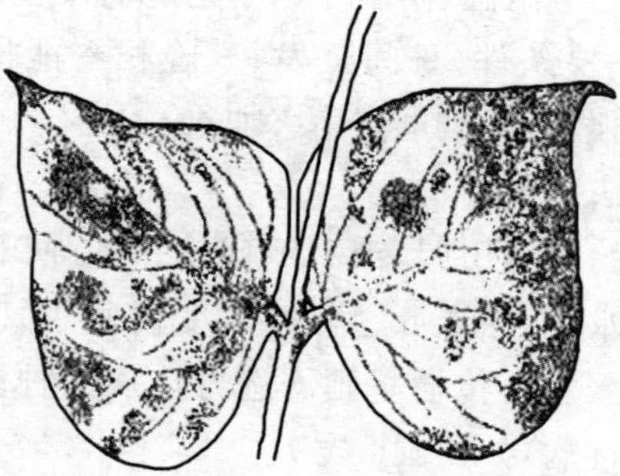

图 35 菜豆细菌性疫病

豆科蔬菜轮换使用架材，及早插架绑蔓，摘除下部病叶。及时中耕、除草和灭虫。

②药剂防治：对带菌种子可用 50%福美双可湿性粉剂拌种，或用 50%敌克松粉拌种，用药量为种子重量的 0.3%，也可用 45℃恒温水浸种 10 分钟。发病初期可选喷 30%DT 杀菌剂 500 倍液、新植霉素 200 单位，或 1∶1∶200 波尔多液。

### 3.菜豆花叶病

(1)症状识别 田间表现为系统花叶或在感病的菜豆品种上形成明显的花叶或产生褪绿带和斑驳，形成矮化或叶扭曲。

(2)发病规律 病原物为病毒。高温干旱有利于病害发生。

(3)防治方法

①农业防治：选用秋抗 6 号、优胜者、早熟 14 号、芸丰、春丰 4 号、早白羊角、吉农引快豆、长白 7 号、扬白 313 等抗病性强的品种。加强田间管理，及时除草，以减少毒源。

②物理防治：防治传毒蚜虫，可选用黄皿或银灰膜等物理避蚜法。

③药剂防治：发病初期喷洒7.5%克毒灵水剂700倍液、20%病毒宁水溶性粉剂500倍液，视病情防治1～2次。

## 4.菜豆白绢病

(1)症状识别　病部初呈暗褐色水渍状病变，表面生白色绢丝状菌丝体。随着病情的发展，茎部皮层腐烂，终致全株萎蔫枯死。

(2)发病规律　病菌主要以小菌核遗落在土壤中存活越冬。菌核可借助流水、灌溉水、雨水溅射等传播，萌发产生菌丝，从植株根部或茎基部的伤口侵入致病。施用未腐熟的有机肥、连作，或酸性沙壤土或过度密植、株间通透不良等，皆易诱发本病。

(3)防治方法

①农业防治：重病田水旱轮作1年防病效果很好，或利用夏季高温地膜覆盖湿润土2～4周，结合施哈茨木霉菌生物制剂(7.5～15千克/米$^2$)，处理后整地秋植。适当增施石灰，改良土壤酸性。

②药剂防治：定植后至初花期淋施5%田安水剂或井冈霉素水剂600～1 000倍液2～3次，见病后在拔除并妥善处理病株的基础上，用哈茨木霉生物制剂(15千克/米$^2$)配成毒土撒施病穴及周围土面，封锁发病中心。

## 5.菜豆绵腐病

(1)症状识别　在豆荚上初生水渍状斑点，扩大后为褐色，边缘有不明显的不整形病斑，可扩大至整个豆荚，在病荚表面密生白色棉状物。

(2)发病规律　本菌在15～16℃时侵染较快，30℃以上发育受阻，要求湿度较高，一般相对湿度在95%以上。

(3)防治方法

①农业防治：加强田间管理，保持地面干燥，避免密植，株行间通风透光。

②化学防治：喷洒75%百菌清可湿性粉剂600倍液，80%大生M-45可湿性粉剂500倍液。着重喷洒植株中下部位，每10天左右喷药1次，共喷2～3次。

### 6.菜豆黑斑病

(1)症状识别　菜豆黑斑病主要为害叶片，叶斑圆形或近圆形，直径2～6毫米不等，褐色，具有同心轮纹，斑面上生细微的黑色霉点，通常叶上散生数个至数十个病斑。

(2)发病规律　早春多雨或梅雨来早、气候温暖、空气湿度大，秋季多雨、多雾、重露或寒流来早时易发病。感病生育盛期为开花和挂荚期，感病流行期为3～5月和10～12月。

(3)防治方法

①农业防治：合理密植，雨后注意排水。生长季节结束后彻底清除病残株。实行2年以上轮作。

②药剂防治：发病初期喷洒80%代森锰锌可湿性粉剂600倍液，或64%杀毒矾可湿性粉剂500倍液交替使用，隔7～10天1次，防治2～3次。

### 7.豇豆煤霉病

(1)症状识别　叶正面初现边缘模糊的褪黄小斑，叶背相应部位则出现淡红褐色霉斑，外围有黄晕。后扩大为多角形紫褐色病斑，斑面出现暗灰色霉层，叶背斑面尤为明显。严重时叶片病斑密布，终致叶片干枯、脱落(图36)。

(2)发病规律　病菌发育最适温度为30℃，并要求高湿，故高温多雨的天气是本病发生流行的重要条件。

(3)防治方法

①农业防治：选用抗病高产良种；增施磷钾肥，适时喷施叶面肥；雨后及时清沟排渍；合理密植和搭架，改善株间通透性，并注意

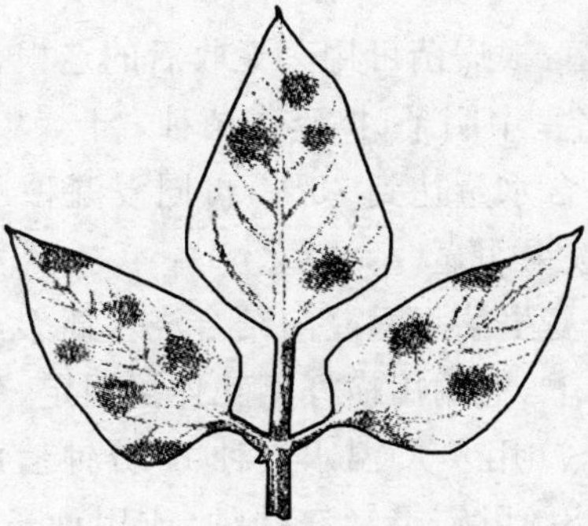

图 36 豇豆煤霉病

收集病残落叶烧毁。

②药剂防治:及时喷药预防控病。应于抽蔓上架时病害发生前开始,迟也应于初见病期喷药控病。可选喷 30%百科乳油 1 000~1 500 倍液,隔 7~15 天 1 次,前密后疏,交替喷施,喷匀喷足。

## (三)菜豆病虫害周年防治历

### 1.播种前

(1)农业措施

①清理田园:前茬收获后,清除残留枝叶,立即深翻 20 厘米以上,晒垡 7~10 天,压低虫口基数和病菌数量。

②品种选择:选择秋抗 6 号、优胜者、早熟 14 号、芸丰、春丰 4 号、早白羊角、吉农引快豆、长白 7 号、扬白 313 等品种。

③合理密植:矮生菜豆穴行距 30 厘米×40 厘米,每穴 3~4 粒,蔓生菜豆穴行距 30 厘米×(65~75)厘米,每穴 3~4 粒,盖土

厚3～5厘米。

④增施根瘤菌：根瘤菌可用菜豆收后的老根，在暗室中洗净泥土，在低于30℃暗室中阴干、捣碎作菌种，干燥贮存，1年内有效。播种时用水湿润，含水量达到35%，再同浸湿种子拌种，每亩用干菌种50克，增产效果明显。

⑤插架引蔓：蔓生菜豆甩蔓前结合浇水插架，两行一架成“人”字形，高1.8米以上，上端用横杆相互连接固定，引蔓上架。

(2)种子处理　用50℃温水浸种15分钟消毒后再播种，或用种子重0.3%的58%甲霜灵锰锌拌种，或用种子重0.3%的50%敌克松拌种。

**2.幼苗期**

这个时期防豌豆潜叶蝇、豌豆蚜、菜豆细菌性疫病、菜豆黑斑病、菜豆花叶病、菜豆菌核病等。

(1)农业措施

①合理密植，株行间通风透光；雨后注意排水，降低田间湿度。

②避免田间积水和湿度过大，应与非豆科蔬菜轮换使用架材，及早插架绑蔓，摘除下部病叶，及时中耕、除草和灭虫。

(2)生物药剂防治　喷药宜在早晨或傍晚，注意交替用药，最好选择兼具内吸和触杀作用的杀虫剂。如20%康福多乳油2 000倍液，或1.8%爱福丁乳油2 000倍液，或40%绿菜宝乳油1 000～1 500倍液，可防治豌豆潜叶蝇等。

可用每枚50克的灭杀烟剂，每亩用4枚，或用20%氰戊菊酯2 000～3 000倍液进行叶面喷雾防治。喷雾时做到均匀不漏，药剂交替使用，可防治豌豆蚜。

发病初期喷洒80%代森锰锌可湿性粉剂600倍液，或64%杀毒矾可湿性粉剂500倍液交替使用，隔7～10天1次，防治2～3次，可防治菜豆黑斑病。

发病初期喷洒 7.5%克毒灵水剂 700 倍液、20%病毒宁水溶性粉剂 500 倍液，视病情防治 1～2 次，可防治菜豆花叶病。

发病初期可选喷 30%DT 杀菌剂 500 倍液、新植霉素 200 万单位，或 1∶1∶200 波尔多液，可防治菜豆细菌性疫病。

发病初期喷 5%扑海因可湿性粉剂 1 500 倍液或 70%甲基托布津可湿性粉剂 600 倍液，每隔 7 天喷 1 次，连喷 3 次，可防治菜豆菌核病。

### 3.开花结荚期

这个时期主要虫害有豆荚螟、豆野螟等；主要病害有菜豆白绢病、菜豆绵腐病、菜豆灰霉病、豆类锈病等。

(1)农业措施　清洁田园，消灭病残体，收获后清除田间病残体并集中烧毁。合理轮作，可采用大豆与水稻等轮作，或玉米与大豆间作的方式，减轻豆荚螟的为害。

(2)药剂防治　可选用 300 倍液的杀螟松或 3 000～4 000 倍液的杀灭菊酯或 800 倍液的敌敌畏，每 10 天左右喷施 1 次，可防治豆野螟、豆荚螟。发病初期喷洒 50%萎锈灵乳油 800 倍液，或 50%硫磺悬浮剂 200～300 倍液，隔 7～8 天防治 1 次。如用 15%粉锈宁可湿性粉剂 2 000～3 000 倍液，或 40%唑酮可湿性粉剂 4 000 倍液，隔 20 天喷洒 1 次，可防豆类锈病。定植后至初花期淋施 5%田安水剂或井冈霉素水剂 600～1 000 倍液 2～3 次，可防治菜豆白绢病。75%百菌清可湿性粉剂 600 倍液，80%大生可湿性粉剂 500 倍液，着重喷洒植株中下部位，每 10 天左右喷药 1 次，共 2～3 次，可防治菜豆绵腐病。

# 五、葱蒜类病虫害

## (一)葱蒜类虫害

### 1.葱蓟马

(1)为害特点　被害部形成许多黄白色或灰白色长形斑纹，严重时致叶片扭曲枯黄。

(2)形态特征　成虫为体形微小的淡褐色虫子，其最大特点是前后翅均狭长近透明，翅脉稀小，翅的周缘具有长缨毛(图 37)。

(3)发生规律　在华北地区 1 年发生 6～10 代，以 4～5 月为害最重。气温在 25℃左右，相对湿度在 60%以下时，易发生葱蓟马。暴风雨可降低其发生数量。

(4)防治方法

①农业防治：注意田园清洁，清除杂草及枯枝落叶有助于减少虫源。注意小水勤浇，有助于减轻危害。

②药剂防治：可选用 10%氯氰菊酯乳油 3 000 倍液，或 10%菊马乳油 1 500 倍液，交替喷施 2～3 次，7～10 天 1 次，喷匀喷足。

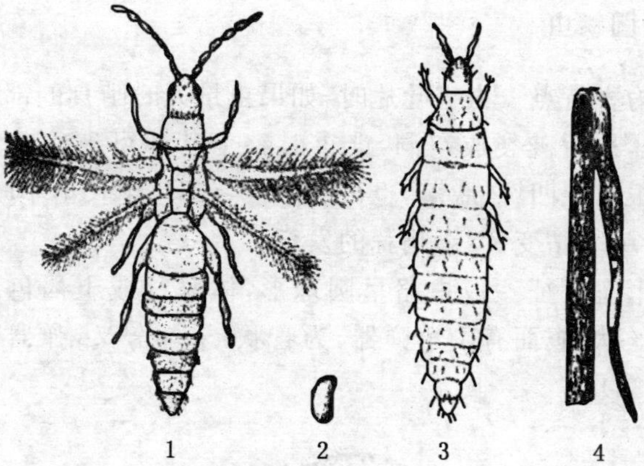

图 37　葱蓟马

1.成虫　2.卵　3.若虫　4.被害状

2.葱蚜

(1)为害特点　使植株衰弱,严重时叶片枯黄、植株矮小、萎蔫,冬季可在贮藏的蒜头或洋葱头内继续为害,致使蒜头、洋葱头失去汁液、变枯干。

(2)形态特征　无翅孤雄若蚜体长卵形,体色红褐色。触角淡黄色,足淡黄绿色,透明。有翅孤雌若蚜体色淡黄褐色,翅芽乳白色显著。

(3)发生规律　1 年发生几十代。在室内 1 年发生 26～28 代,温度适宜可终年繁殖为害;在露地以春、秋发生量大,为害严重。

(4)防治方法　50%抗蚜威可湿性粉剂 20 000 倍液喷雾。若保护地内发生此虫,可选用杀蚜虫的烟剂熏治。

### 3.绿圆跳虫

(1)为害特点　为害叶片时,如果虫量大时啃食的部位可连成大片薄膜,最后破裂成空洞,严重时整个叶片可破碎。为害根茎时,使须根出现凹坑、脱落,也可刺激根茎部位生长出小叶,而且这些小叶叶尖干枯变黄,影响蒜的发育。

(2)形态特征　成虫略呈圆球形,体鲜绿或土褐色。复眼黑色,触角丝状,腹面有1个弹器,为管状,末端分叉,弹器可起弹跳作用(图38)。

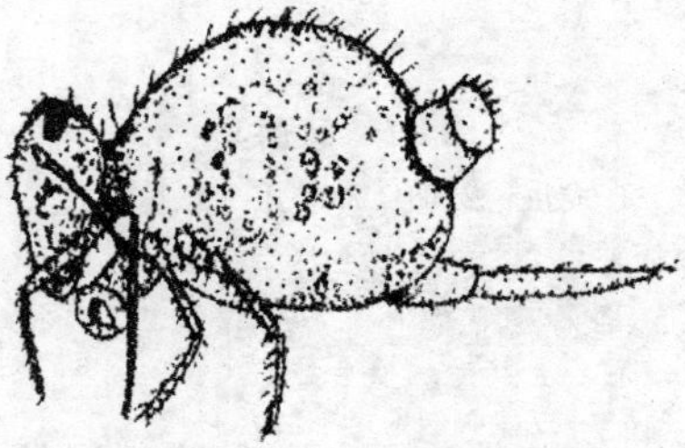

图38　绿圆跳虫

(3)发生规律　此虫喜生活于温暖、干燥环境,当旬平均温度在15～20℃,相对湿度在50%～75%时,虫量大、为害严重;若温度在25℃以上,相对湿度超过80%时,虫量明显减少。

(4)防治方法

①农业防治:加强中耕,杀死一部分虫源。春季在大蒜返青后及时灌水。

②药剂防治:在栽蒜前,每亩用2.5%敌百虫粉1.5～2.0千克,加入30千克细土中,拌匀后施入播种沟内再栽蒜。在绿圆跳虫发生期,可选用50%辛硫磷乳油800～1 000倍液,或20%氰戊菊酯乳油2 000～3 000倍液喷雾或灌根。

4.草地螟

(1)为害特点　初孵幼虫取食叶肉。残留表皮,长大时即将茎叶吃成缺刻,或仅留叶脉。

(2)形态特征　成虫体黑褐色,有光泽,触角丝状。头部黑色,有白斑。背部黑色,两侧有若干条纵线。腹部每节背面有6个暗色的毛瘤,呈三角形排列(图39)。

1

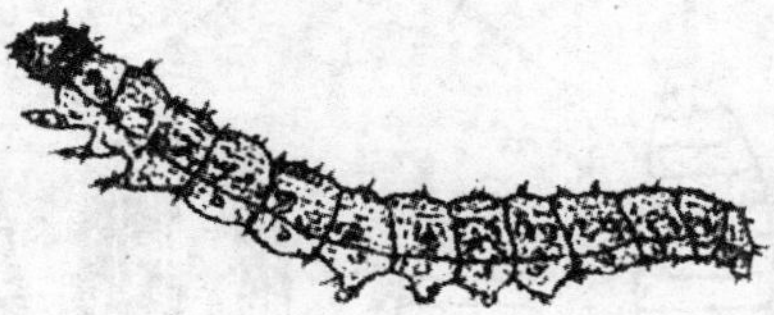

2

**图39　草地螟**

1.成虫　2.幼虫

(3)发生规律　在河北每年发生2代,越冬代成虫6月盛发。第一代幼虫发生于6月中旬至8月中旬。第二代幼虫8月上旬至9月下旬发生。成虫白天潜伏在草丛及药材田内,夜晚活动,趋光性较弱。

(4)防治方法

①农业防治:应及时清除田间杂草。

②药剂防治:在幼虫为害期喷洒50%辛硫磷乳油1 500倍液

或2.5%保得乳油2 000倍液。

### 5.葱斑潜蝇

(1)为害特点　幼虫在叶组织内蛀食成隧道,呈曲线状或乱麻状,影响作物生长。

(2)形态特征　成虫头部黄色,头顶两侧有黑纹;胸部黑色有绿晕,上被淡灰色粉,腹部黑色;足黄色;翅脉褐色,平衡棍黄色(图40)。

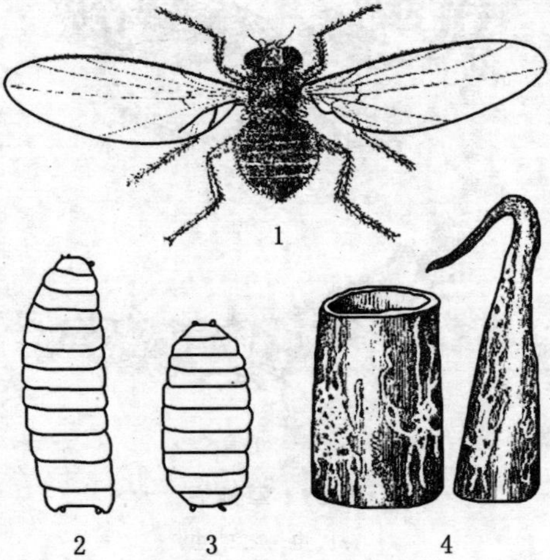


**图40　葱斑潜蝇**

1.成虫　2.幼虫　3.蛹　4.为害状

(3)发生规律　在华北、西北发生。在银川地区7～8月间盛发,为害严重,直至9～10月间尚继续为害,致使葱株枯萎。

(4)防治方法

①农业防治:发现受害叶片随时摘除,集中沤肥或掩埋。收获完毕,田间植株残体和杂草及时彻底清除。

②药剂防治：喷药宜在早晨或傍晚，注意交替用药，最好选择兼具内吸和触杀作用的杀虫剂。如 20%康福多乳油 2 000 倍液，或 40%绿菜宝乳油 1 000～1 500 倍液。

### 6. 葱地种蝇

（1）为害特点　以幼虫蛀入葱、蒜等鳞茎危害，引致地下部鳞茎腐烂，地上部叶片枯黄乃至萎蔫死亡，严重的造成缺苗断垅以至毁种。

（2）形态特征　葱蝇成虫为体长约 5 毫米的灰色至灰黄色小蝇子。

（3）发生规律　葱蝇在华北地区年发生 3～4 代。成虫多在干燥的晴天活动，晚上不活动，阴湿或多风天气常躲在土缝等隐蔽处。幼虫有强烈的背光性和趋腐性，喜潮湿，常在土面下活动，并能在土里转换寄主为害。

（4）防治方法

①农业防治：施充分腐熟的粪肥和饼肥，施肥后应立即覆土，使肥料与种子或鳞茎隔开。种蒜时要浇足底水，必要时用药液作定根水。

②药剂防治：播前精选种蒜，必要时还可用 40%二嗪农乳油拌种，用药量为种蒜重量的 0.3%～0.5%。成虫发生期喷施 21%灭杀毙乳油 6 000 倍液，或 20%菊马乳油 3 000 倍液，隔 7 天 1 次，喷 2～3 次。已发生根蛆的菜田，可用 48%乐斯本乳油1 000～1 500 倍液浇灌。

### 7. 大蒜粪蚊

（1）为害特点　幼虫从根茎部分蛀入鳞茎内，致植株枯死。若在大蒜瓣形成时受害，幼虫仅啃食蒜瓣外的鲜嫩蒜皮，使蒜皮变褐、腐烂,形成无蒜皮的肉质瓣蒜头,或使整个蒜头腐烂。

(2)形态特征　全身黑色,有光泽,头小,触角短而粗。中胸两侧具有能飞翔的前翅,翅膜无色透明。后翅退化成平衡棍。

(3)发生规律　生育期适温为15～27℃,适宜的土壤湿度为土壤相对持水量的70%～95%。成虫具趋腐性,喜欢在潮湿、弱光及有腐烂物的环境中活动。

(4)防治方法

①农业防治:实行3～4年轮作。春播地区于秋季深耕翻地,秋播地区于夏季深耕翻地,实行晒垡,消灭蛹及幼虫。大蒜生长期间加强除草、松土,使植株根际周围的表土干燥,抑制虫卵孵化及幼虫活动。

②化学防治:成虫期喷洒80%敌敌畏乳油1 000倍液;幼虫期用50%辛硫磷乳油800倍液灌根。

## 8.韭菜迟眼蕈蚊

(1)为害特点　幼虫积聚于韭菜地下部分为害,钻食假茎和鳞茎,致使韭菜叶枯黄而死或萎蔫断叶,重者鳞茎腐烂,整墩成片死亡。

(2)形态特征　成虫是一种黑色小蚊子。雄虫触角黑褐色。雌蚊头小,弯向胸部前下方。足细长,褐色。前翅淡烟色,脉褐色,后翅退化为平衡棒(图41)。

(3)发生规律　在我国北方地区,菜田1年发生4～6代。翌年3月份幼虫开始活动取食。3月下旬至5月中旬,大部分越冬幼虫移向地表1～2厘米处化蛹,4月初至5月中旬羽化为成虫,4～6月份进入为害盛期,7～9月份为害较轻,9月下旬至10月中旬再度严重为害。

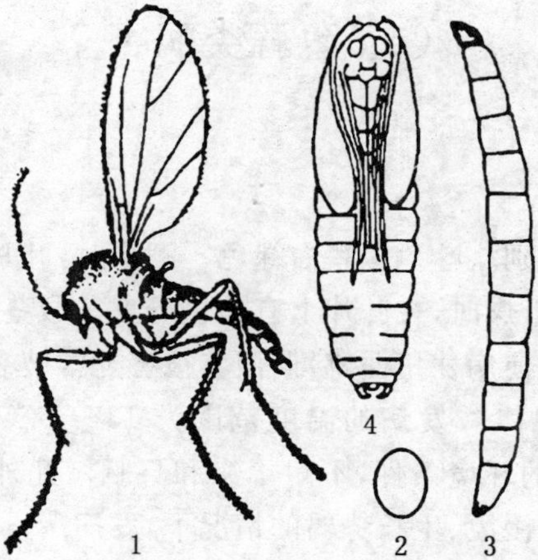


**图 41 韭菜迟眼蕈蚊**

1.成虫 2.卵 3.幼虫 4.蛹

(4)防治方法

①晒根晾土和撒粉:在春天韭菜萌发前,天气晴朗时,将根部的土壤用竹签起出晒根,起出的表土也进行翻晒,晒 7 天左右,幼虫干死。覆土前,在韭根附近撒 5%马拉硫磷粉,或撒施草木灰,既可治虫,又可增施钾肥,促韭菜生长。

②药剂防治:韭菜移栽时,清除带虫韭苗,同时用 50%辛硫磷乳油 1 000 倍液浸根,可杀死韭菜根部幼虫;成虫羽化盛期,见成虫大量出现时,喷施 50%辛硫磷乳油 1 000～1 500 倍液,或 2.5%溴氰菊酯乳油 2 500～3 000 倍液,或 20%氰戊菊酯乳油 3 000 倍液。喷洒时间最好上午 9～11 时,此时成虫集中在韭墩附近。因韭蛆是地下害虫,生育期大多在地下,成虫是较好防治的一个生育阶段。药液灌根,当田间出现叶片发黄时,用 50%敌百虫乳油 1 000 倍液,或 2.5%氰戊菊酯乳油 3 000 倍液灌根。

## (二)葱蒜类病害

### 1.霜霉病

(1)症状识别　叶片呈苍白绿色。潮湿时,叶片与茎的表面遍生白色绒霉。干燥时,在叶片上有白色斑点。假茎早期发病,上部生长不均衡,致使病株扭曲,后期假茎被害处常破裂。

(2)发病规律　发病的温度范围为13～18℃,15℃最适宜。适于潮湿低温的环境条件,不耐干燥和日晒。此外,在土壤黏重、排水不良、大水漫灌、生长势弱的情况下,发病严重。

(3)防治方法

①农业防治:选抗病品种。带菌的种子,可用50℃的温汤浸种25分钟。发病地应与非葱蒜类作物实行2～3年的轮作。选择地势高燥、通风、排水良好的地块栽培。施足有机肥,增施磷、钾肥。合理灌水,增加中耕,避免发病条件。收割后彻底清除病株残体,减少菌源。

②化学防治:发病初期即进行药剂防治,可用40%乙磷铝可湿性粉剂250倍液,或50%敌菌灵可湿性粉剂500倍液,每7天1次,连喷3～4次。

### 2.葱类紫斑病

(1)症状识别　叶片及花梗受害,凹陷、中央微紫色的小斑点,扩大后病斑呈椭圆形或纺锤形。大葱和圆葱的病斑呈紫褐色,大蒜的病斑呈黄褐色,湿度大时,病部产生褐色至黑色霉状物,常排列成同心轮纹状,病斑继续扩大,多数病斑愈合成长条状大斑,致使病部以上叶片或花梗枯死(图42)。

(2)发病规律　在24～27℃最适发病,低于12℃则不易发病。一般温暖多湿、连阴雨天、缺肥、干旱、植株生长衰弱、葱蓟马造成伤口时，发病严重。

(3)防治方法

①选用无病种子。种子消毒用40%福尔马林300倍液，浸种3小时，然后用清水洗净备用。圆葱鳞茎消毒用40～50℃温水，浸泡90分钟即可。

②适时收获，低温贮藏：圆葱宜在葱头顶部成熟后收获，收后适当晾晒，待鳞茎叶部干燥并挑选后贮藏。贮藏期间应保证低温(0℃)和较低的湿度(相对湿度65%以下)，同时注意通风排湿。

图42 葱类紫斑病

③药剂防治：有效药剂有1∶1∶200波尔多液、50%多菌灵500倍液等。在发病初期喷药防治，每隔7～10天喷药1次，连续喷药3～4次，均可有较好的防治效果。

### 3.葱类黑斑病

(1)症状识别　病斑初时黄白色或黄褐色，后期黑褐色。边缘具有黄色晕圈，病斑上略显层次分明的轮纹，后期病斑上密生黑短绒状霉层。发病严重时，病斑相互连接成片，致使叶片变黄枯死，花梗从病部折断(图43)。

(2)发病规律　温暖、多雨时易于发病。植株长势衰弱，受冻或管理不善时，病情加重。

(3)防治方法

①农业防治：翻耕土壤，整平土地。适时

图43 葱类黑斑病

播种或定植，密度不要过密。适时追肥、灌水。雨后及时排除田间积水。收获后及时、彻底清除田间病残体，集中深埋或烧毁。

②化学防治：药剂可选用75%百菌清可湿性粉剂600倍液，或1∶1∶(100～160)波尔多液。

### 4. 葱类锈病

(1)症状识别　最初在表皮上生椭圆形橙黄色的隆起小斑点，散生橙黄色粉末。病斑四周具黄色晕圈，后病斑连片致全叶黄枯。晚秋在橙黄色病斑上接着生褐色的斑点，不易破裂，发病严重时，病叶呈黄白色枯死。

(2)发病规律　在夏、秋低温多雨的地区容易发病，并以秋季发病重。如果冬季温暖多雨，有利于病菌的越冬，次年发病重，夏季低温多雨，有利于病菌的越夏，秋季发病就重。此外肥料不足，生长势弱发病也重。

(3)防治方法

①农业防治：与非葱属蔬菜轮作，避免在发病重的田块及附近栽种葱类植物。施用腐熟的有机肥料作底肥，增施磷、钾肥。使用清洁苗栽培。发病初期，及时摘除病叶，深埋或烧毁。

②药剂防治：发病初期可选用15%三唑铜乳油1 000倍液，12%绿菌灵乳油600倍液加15%三唑铜乳油2 000倍液，隔8～10天，连续防治2～3次。

### 5. 葱类褐斑病

(1)症状识别　叶片发病，初时产生灰白色斑点，扩展后病斑梭形。病斑中部灰褐色，边缘褐色，病斑上散生无数小黑点。发病严重时，病斑融合，致使叶片局部干枯(图44)。

(2)发病规律　18～25℃是发病适宜温度，相对湿度85%以上易于发病。植株长势衰弱，病情加重。

(3)防治方法

①农业防治：用高脚白、五叶齐、章丘大葱等耐热品种。施足腐熟粪肥。均匀灌水，灌水后及时中耕松土，雨后及时排除田间积水。初见发病及时拔除病株或摘除病叶，收获后彻底清除田间病残体，并深翻土壤。

②药剂防治：可选用50%扑海因可湿性粉剂1 000倍液，或50%混杀硫悬浮剂500倍液。

图44 葱类褐斑病

6.葱类灰霉病

(1)症状识别 叶片发病，产生椭圆形或近圆形的白色病斑。一般多由叶尖向下发展，重时相互连接成片，致使葱叶卷曲枯死，湿度大时，枯叶上生出大量灰霉(图45)。

(2)发病规律 较低的温度和较高的湿度，是病害发生和流行的条件。管理粗放，植株长势衰弱，病情明显加重。

(3)防治方法

①农业防治：选用抗病品种。施足基肥，适时追肥、灌水。密度不要过密，适当控制灌水，雨后及时排水并中耕松土。

②药剂防治：药剂可选用50%扑海因可湿性粉剂1 500倍液，或30%克霉灵可湿性粉剂800倍液。

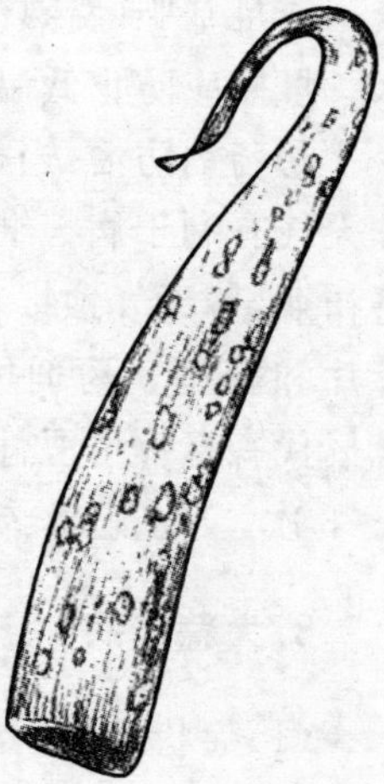

图45 葱类灰霉病

### 7.大蒜叶枯病

(1)症状识别　叶片病斑初呈黄白色至白色小圆斑,后扩大为不规则形灰白色大斑,斑面云纹明显或不明显,并长有暗灰色至黑色霉状物病征,终致叶片枯死。

(2)发病规律　一般温度越高,湿度越大,发病越重。当旬平均气温在20℃左右,高湿时利于病害发生和流行。大蒜田管理粗放,整地质量差,田间坷垃大、高低不平,发病重。与葱、韭菜混作,重茬连作地发病重。肥水管理不当,氮肥施用过多,底肥不足,发病重。种植密度大,田间通风不良,发病重。

(3)防治方法

①农业防治:清洁田园。合理轮作倒茬,宜与小麦、玉米、瓜类、豆类等作物轮作。采用地膜覆盖栽培技术。一般覆膜大蒜比露地蒜晚播5～7天,行距20～25厘米、株距10厘米左右,种植密度每公顷37.5万～45.0万株,播后覆土2～3厘米,然后覆膜压紧。施足基肥(腐熟的农家肥、草木灰和过磷酸钙)。雨后及时排水。早播应防止低温冻害。选用无病种蒜。

②药剂防治:当植株上部病叶率达5%时,应全面喷药防治。如天气有利于病害继续发展,应再喷药防治。在大蒜孕薹期和抽薹初期,若天气预报有雨或病叶发生较多时,应及时喷药保护上部叶片和蒜薹。药剂可选用77%可杀得可湿性粉剂800倍液,或70%代森锰锌可湿性粉剂500倍液,每隔7～10天喷1次,共喷2～3次,交替施药,效果较好。

### 8.大蒜疫病

(1)症状识别　染病初期在叶片中部或叶尖生苍白色至浅黄色水浸状斑,边缘浅绿色,病斑扩展快,3～5天半个叶片或整个叶片萎垂,湿度大时病斑腐烂,致全株枯死(图46)。

(2)发病规律　一般借助雨水溅射和灌溉水传播,从气孔侵入,在连绵阴雨的天气或地势低洼、排水不良的植地,均易发生此病。

(3)防治方法

①农业防治:选用抗病品种,如"高脚"、"蒲棵"等;要注意排涝,防止湿度过重,合理浇水;收获后及时清除病残体,集中深埋烧毁;提倡增施有机肥和生物菌肥、钾肥,少施氮肥,增强抗病能力。

图 46　大蒜疫病

②药剂防治:发病初期喷 72% 克露可湿性粉剂 800～1 000 倍液,大生 M-45 可湿性粉剂 600～800 倍液,7～10 天喷 1 次,防治 2 次。

9.大蒜病毒病

(1)症状识别　一为条纹花叶,沿叶脉产生褪绿条点,连接为褪绿黄条纹;一为植株畸形扭曲,心叶被包住难以伸展。病株蒜头减少,瓣少或不分瓣。

(2)发病规律　高温干旱的天气,蚜虫发生量大,管理粗放,寄主植物连作或邻作等,有利于发病。

(3)防治方法

①农业防治:注意寻找抗病品种;避免与大葱、洋葱、水仙等寄主植物连作或邻作;抓好避蚜、诱蚜和药剂治蚜,减少病毒传播。管理好肥水,高温期尤应抓好早晚浇水降低土温,配方施肥,适时喷施叶面营养剂,使植株稳生稳长,增强抗病力。

②药剂防治:蒜苗出土后 3～7 厘米开始,喷施蓖麻油 100 倍液,或叶面宝等叶面营养剂加 0.1%～0.2%黑皂或普通洗衣皂

液,交替连续喷施数次,隔10～15天1次。

### 10.韭菜灰霉病

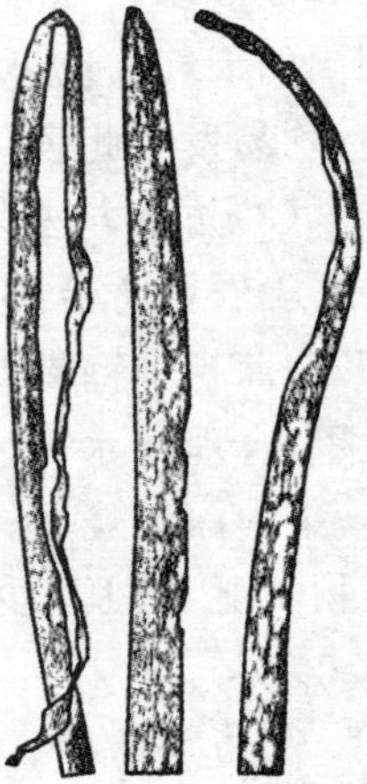

图47 韭菜灰霉病

(1)症状识别　初在叶面产生淡灰色斑点,后期病斑常相互联合产生大片枯死斑,使半叶或全叶枯死。湿度大时病部表面密生灰褐色霉层(图47)。

(2)发病规律　低温高湿发病重。在早春或秋末冬初,遇到连阴雨天气,相对湿度95%以上,易造成流行。

(3)防治方法

①农业防治:施足腐熟有机肥,增施磷钾肥,提高作物抗病性;清除病残体,每次收割后要把病株清除出田外深埋或烧毁,减少病源。

②药剂防治:每次收割后及发病初期,喷洒绿盾牌4%农抗120瓜菜烟草型500～600倍液,可有效控制病害的发生。

### 11.韭菜疫病

(1)症状识别　受害叶片初期为暗绿色水浸状病斑。假茎受害时呈浅褐色,软腐,叶鞘易脱落,空气潮湿时发病部位长出稀疏的灰白色霉状物。鳞茎受害时呈水渍状暗褐色腐烂。根部受害时呈褐色腐烂,根毛明显减少。

(2)发病规律　在炎夏、高温、高湿,地势低洼、排水不良及植株生长差、收割过多、营养不良时发病严重。

(3)防治方法

①农业防治:实行轮作,与非百合科、茄科蔬菜轮作2～3年。平整土地,施足肥料。养茬韭菜地分两次平整,一次在小雪后封冬

前，每亩施经过腐熟的有机肥 2 000～2 500 千克，铺平地表，并增施磷钾肥，明年再进行一次平整，挖好排水沟，增平涝洼和水坑。科学浇水。选晴天上午进行，浇完水后立即闭棚提温，然后放风排湿，并加强松土、通风降低湿度，对发病地段先进行处理，并停止浇水。

②药剂防治：发病初期，可用 64%恶霜锰锌可湿性粉剂 400 倍液、72.2%霜霉威水剂 600～800 倍液，采用喷灌结合，每墩灌药液 250 毫升，隔 7 天再喷灌 1 次，连续 2～3 次。

# 六、绿叶菜类病虫害

## （一）绿叶菜类虫害

### 1. 莴苣蚜

(1)为害特点　成、若蚜在嫩叶背面吸食汁液，造成叶片卷缩变黄，影响植株生长，甚至死亡。为害留种株的嫩茎、花梗和嫩荚，致花梗畸形扭曲，不能正常抽薹、开花、结荚，荚果籽粒也不饱满。该蚜虫还传播多种病毒病，危害更大。

(2)形态特征　无翅孤雌蚜体长 3.3 毫米，宽 1.4 毫米，纺锤状。体土黄色或红黄褐色至紫红色。触角细长，尾片色浅，长锥形，具长短毛 18～25 根。无翅胎生雌蚜头、胸黑色，腹部色浅，除腹部各背片具毛基斑外，各有大型缘斑。触角第 3 节具次生感觉圈 121～148 个。

(3)发生规律　1 年发生 10～20 代，以卵越冬，早春干母孵化，在 20～25℃条件下，4～6 天可完成 1 代，每头孤雌蚜平均可胎生若蚜 60～80 头。最适大量繁殖的温度为 22～26℃，相对湿度为 60%～80%。北方 6～7 月大量发生为害。10 月下旬发生有翅雄蚜和无翅雌性蚜。喜群集嫩梢、花序及叶反面，遇震动易落地。

(4)防治方法

①农业防治:选用抗病虫品种,及时清除田间枯枝败叶及四周杂草,以消灭部分害虫,减少虫口基数。

②物理防治:设黄板诱蚜,在菜田放置涂有机油的黄色板,诱杀有翅蚜。采用银色薄膜避蚜,在田间挂银灰色塑料膜(10～15厘米)长条,捆在棍端并插于田间,每亩8～10行。

③化学防治:首选药为50%抗蚜威(僻蚜雾)2 000～3 000倍液,或10%吡虫啉可湿粉1 000～2 000倍液,或15%乐溴乳油2 000～3 000倍液,或70%溴马乳油2 500～4 000倍液等。注意交替喷施2～3次,隔7～10天1次,采收前10～15天应停止喷药。

## 2.菠菜潜叶蝇

(1)为害特点　幼虫潜在叶内取食叶肉仅留上下表皮,呈块状隧道。一般在叶端部内有1～2头蛆及虫粪,使菠菜失去商品价值及食用价值,严重时全田被毁。

(2)形态特征　成虫体长4～6毫米。卵椭圆球形,0.3～0.9毫米,白色,表面具六角形网纹。老熟幼虫长7.5毫米,污黄色,有许多皱纹,腹部后端围绕后气门有7对肉质突起。蛹长4～5毫米,暗褐色(图48)。

(3)发生规律　在华北1年发生3～4代,以蛹在土中越冬。第1代发生在根茬菠菜上,5月上旬开始发生第2代,6月发生第3代。以春季第1代发生量最大,因为菠菜潜叶蝇各个世代都有部分蛹进入滞育状态,而到春天同时羽化,所以虫口达到高峰。夏季的高温干旱不利于2、3代的发生,特别是第3代及其以后如遇高温干旱,将大大降低越冬虫口,减少翌春第1代的为害。

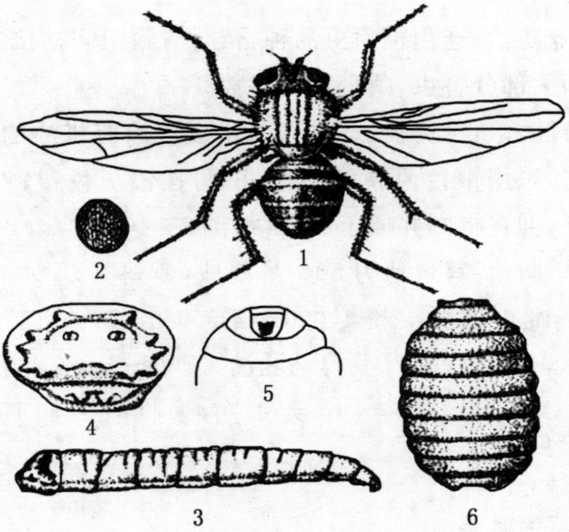


**图 48 菠菜潜叶蝇**

1.成虫 2.卵 3.幼虫 4.幼虫尾端构造

5.幼虫头端构造 6.蛹

(4)防治方法

①农业防治:要施用充分腐熟的粪肥,避免使用未腐熟粪肥,特别是厩肥,以免把虫源带入田中。

②化学防治:由于菠菜生长期短,必须考虑农药残留问题,要选择残效短,易于光解、水解的药剂;此外,由于幼虫是潜叶为害,所以,用药必须抓住产卵盛期至孵化初期的关键时刻。可采用灭杀毙(21%增效氰·马乳油)3 000 倍液、2.5%溴氰菊酯或20%氰戊菊酯 3 000 倍液、10%溴·马乳油 2 000 倍液、10%菊·马乳油 1 500 倍液、25%喹硫磷乳油 1 000 倍液、80%敌百虫可溶性粉剂或 90%敌百虫晶体 1 000 倍液、50%辛硫磷乳油 1 000 倍液等。

# (二)绿叶菜类病害

## 1.芹菜斑枯病

(1)症状识别　老叶先发病,病斑初为淡褐色油浸状小斑点,边缘明显,以后发展为不规则形斑,颜色由浅黄变为灰白色,边缘深红褐色,且聚生很多小黑粒,病斑外常有一圈黄色晕环。叶柄、茎部病斑褐色,长圆形稍凹陷,中间散生黑色小点,严重时叶枯茎烂(图49)。

图49　芹菜斑枯病

(2)发病规律　芹菜斑枯病为一种真菌性病害,低温高湿有利于该病的发生,发病适温为20～25℃,湿度为95%以上。连阴天、气温波动频繁或日间燥热、夜间结露、植株生长势弱、灌水较多、通风排湿不及时等因素常可导致病害的迅速蔓延。

(3)防治方法

①农业防治:在生产上要注意平衡施肥,底肥要施用充分腐熟的有机肥,追肥要增施磷、钾肥,控制氮肥的用量,注意补充叶面肥和微肥,增强植株的抗性。及时清除病株残体。日常管理要注意降温排湿,白天温度控制在15～20℃,超过20℃时要及时放风,夜间温度控制在10～15℃。浇水时切勿大水漫灌。

②药剂防治:可用45%的百菌清烟剂或扑海因烟剂熏蒸棚,每亩150克分5～6处点燃,熏蒸1夜,每隔10天左右熏蒸1次。在发病初期喷70%的代森锰锌可湿性粉剂600倍液,或50%的多菌灵可湿性粉剂600～800倍液,每隔7～10天喷1次,连喷2～3次,有很好的预防和治疗效果。

**2.芹菜早疫病**

(1)症状识别　叶片被害,发病初期产生黄绿色水渍状斑点,后发展为圆形或不规则形,呈褐色或灰褐色,周缘黄色。严重时,病斑扩大互相连成片,造成叶片焦枯死亡。潮湿时,病斑上生有灰色霉层。叶柄和茎被害,病斑呈水渍状,呈椭圆形或条斑,灰褐色、凹陷。严重时,引起叶柄折倒或全株倒伏,湿度大时,病斑上长有灰白色的霉层(图50)。

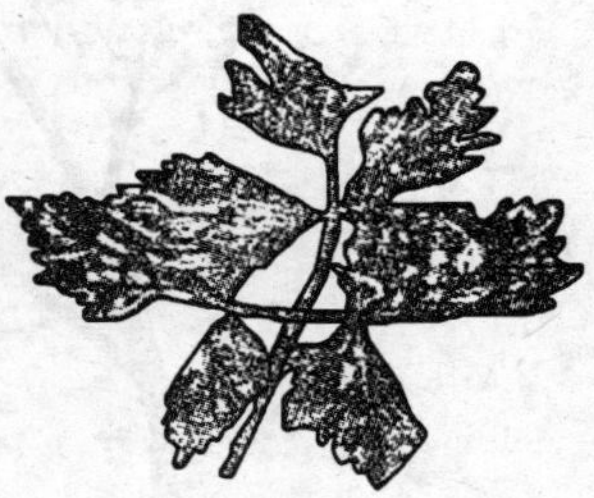

图50　芹菜早疫病

(2)发病规律　病菌发育适温25～30℃,在高温多雨或雾大时,发病严重。有时夜间露多、持续时间又长,也易发病。另外,缺水、缺肥、大水漫灌、管理差、长势弱、通风不良、湿度大,发病也重。

(3)防治方法

①农业防治:病地与其他蔬菜实行轮作2～3年;选种耐病津

南实心芹1号品种；从无病地或无病株上采种；培育壮苗，施足肥料，育苗时要用无病土或新苗床育苗，并注意防雨遮荫，加强管理，培育无病壮苗；清除病残体，带出田外深埋或烧毁，减少病菌在田间传播；将种子用48℃温水浸种30分钟，移入冷水中冷却，捞出种子晾干后播种。

②药剂防治：发病初期，可喷50%异菌脲（扑海因）可湿性粉剂600～800倍液或50%灭霉威可湿性粉剂500～600倍液、50%多菌灵可湿性粉剂500倍液、75%百菌清可湿性粉剂500～600倍液、76%灰霉特可湿性粉剂500～600倍液，隔7天喷1次，连喷2～3次。还可烟熏防治，发病前，用45%百菌清烟剂或30%百菌清烟剂，每亩每次250克，傍晚进行，把药分放4～5点，用火点燃冒烟后密闭棚室，隔7天1次，连熏3～4次。

### 3. 芹菜菌核病

（1）症状识别　为害芹菜茎叶。首先在叶片上发病，形成暗色污斑，潮湿时，表面生白色霉层，而后向下蔓延，引起叶柄及茎发病，病部初为水浸状，后腐烂造成全株溃烂，表面生浓密的白霉，后形成黑色鼠屎状菌核。

（2）发病规律　植地连作、地势低洼、排水不良、偏施过施氮肥的地块发病较重。保护地栽培的芹菜在秋季至春季遇低温高湿或棚室通透性差较易发病。

（3）防治方法

①农业防治：菌核病区或重病田应实行轮作，最好水旱轮作；收获后应清除病残体，并进行深耕翻土，把遗落在土表的菌核翻入地表10厘米以下，有条件的地方还可灌水浸田一段时间，使菌核难以萌发抽生子囊盘。棚室保护地还可利用夏季高温闭棚升温，促使菌核死亡而减少菌源。

②化学防治：生长季节加强检查，发现病株及早拔除，并喷施

50%农利灵可湿粉 1 000 倍液，或 50%扑海因可湿粉 1 500 倍液，或 50%速克灵可湿粉 2 000 倍液，隔 7～10 天 1 次，喷 2～3 次，着重喷植株下部和根际处。保护地栽培的还可用 10%二甲菌核利烟剂闭棚熏烟(4.5～6 千克/米$^2$)。

**4.芹菜根结线虫病**

(1)症状识别　表现为植株生长发育受阻，颜色不正常，湿度大时，植株萎蔫。上述症状是线虫为害根部所致。病部症状常因病原线虫有同而异，根结线虫则引起根部虫瘿，其严重程度取决于土壤中线虫的数量、生长的环境及植株的发育阶段。

(2)发病规律　连作发病地又未进行药物防治的田块，温暖干燥、疏松透气的沙质土壤，夏、秋季阶段性多雨的年份发病重；最适土温为 25～30℃，土壤含水量为 40%。

(3)防治方法

①农业防治：选用无病土壤育苗，施用腐熟的无病原线虫的有机底肥，挑选健壮且无病苗定植。彻底清除病根残体，收获后及时清除病株、病根残体，将病根晒干后集中烧毁。深翻土壤，将表土翻至 20 厘米以下深度，可把大量活动在土壤表层的线虫翻到底层下，减轻病害发生。轮作，重病田内与禾本科作物进行 2～3 年轮作，也可与耐线虫蔬菜如葱、蒜、韭菜等轮作，可有效地防止或减轻线虫病的发生，降低土壤中的线虫量，从而减轻对后茬作物的为害。

②物理防治：夏季田块灌水后盖上地膜，阳光照射 15 天左右，利用高温可以杀死大量的线虫。

③化学防治：土壤处理，可在播种或定植前 15 天，每亩选用 98%土隆粉剂 20 千克加细土拌匀，撒施后再翻耕入土。药剂灌根，定植后，如局部植株受害，可用 50%辛硫磷乳油 1 500 倍液，或 40%毒死蜱乳油 1 500 倍液灌根，每株灌药液 0.25～0.5 千克，可

杀灭土壤中的根结线虫。

### 5.菠菜病毒病

(1)症状识别　丛生型病株症状最大特点表现为严重萎缩，叶片皱缩卷曲成团，植株矮化呈丛生状。花叶型病株症状最大特点是叶片特别是嫩叶呈浓淡不均斑驳、花叶状，叶片皱缩不平展。留种病株结实少，籽粒瘦小不充实。

(2)发病规律　病毒的传播除菠菜温和病毒是由种子传播外，其余3种病毒均由机械摩擦方式传染和蚜虫传播。菠菜病毒可在一些杂草上越冬，春暖后通过蚜虫或机械摩擦传播。高温干旱是病毒病发生的外部条件，植株生长不良则是病毒病发生的内因。

(3)防治方法

①农业防治：选用抗耐病品种。调节播期，秋冬菠菜宜适当迟播，以避过秋季高温季节，并适当增加播量，以保证有足够苗数。加强栽培防病。尽量避免与茄科、十字花科蔬菜地邻作或间套作；施足底肥，适时追肥和喷施叶面肥，促植株早生快发，壮而不过旺，稳生稳长；适度浇水，确保苗期和生长前期田土干湿相宜，不受旱涝危害；彻底铲除田间杂草；及时拔除发病株。

②化学防治：喷药治蚜防病。播前注意喷杀邻近菜地及杂草上的蚜虫，有条件的用银灰膜避蚜或黄板诱蚜。菠菜地掌握蚜虫点片发生阶段及时喷杀。

视实际需要于发病初期喷施20%病毒A可湿粉500倍液，或1.5%植病灵乳剂1 000倍液，或抗毒剂1号300倍液，隔7～10天1次，连喷2～3次，前密后疏。

### 6.菠菜霜霉病

(1)症状识别　主要为害叶片。病斑初呈淡绿色小点，边缘不明显，扩大后呈不规则形，大小不一，直径3～17毫米，叶背病斑上产生灰白色霉层，后变灰紫色。病斑从植株下部向上扩展，干旱时病叶枯黄，湿度大时多腐烂，严重的整株叶片变黄枯死，有的菜株呈萎缩状，多为冬前系统侵染所致，该病广布菠菜种植区(图 51)。

(2)发病规律　分生孢子形成适温 7～15℃，萌发适温 8～10℃，最高 24℃，最低 3℃。气温 10℃，相对湿度 85%的低温高湿条件下，或种植密度过大，积水及早播发病重。

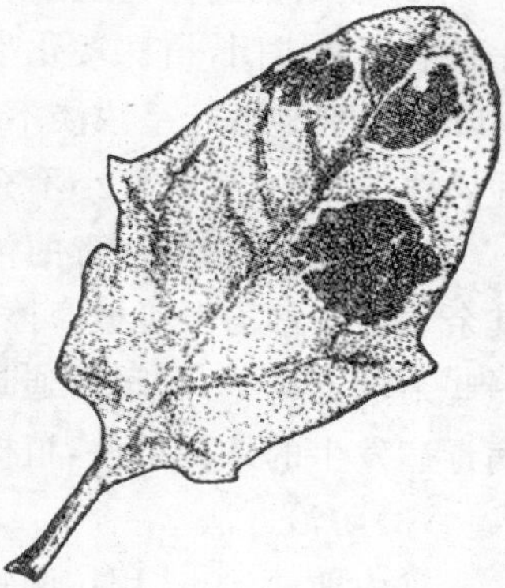

图 51　菠菜霜霉病

(3)防治方法

①农业防治：选择耕层深厚、地势平坦、肥力均匀、pH 值≤8.6、全盐含量不超过 3 毫克/千克、前茬未种过菠菜的地块。选用优质高产、适应性广、抗病性强、耐抽薹、商品性好的菠菜品种，如丹麦产的盛夏菠菜王。合理轮作倒茬，合理密植。重病区实行 2～3 年轮作，加强栽培管理，科学灌水，降低田间湿度。用 52℃恒温水浸种 20 分钟，然后在常温下浸泡 12 小时，洗净晾干后播种。

②化学防治：在病害未发生前，建议田间喷洒保护性杀菌剂，如百菌清、多菌灵、波尔多液等药剂。

发病初期开始喷洒 58%甲霜灵锰锌可湿性粉剂 500 倍液、64%杀毒矾可湿性粉剂 500 倍液，或 72.2%普力克水剂 800 倍液喷雾防治，每隔 7～10 天 1 次，连续喷 2～3 次。采收前 8～10 天严禁用药。发病期用 0.3%苦参碱杀虫剂 500～800 倍液喷雾防治。

# 七、根菜类病虫害

## （一）根菜类虫害

### 1. 萝卜蚜

（1）为害特点　叶背上为害，造成节间变短、弯曲，幼叶向下畸形卷缩，使植株矮小，同时传播病毒病。

（2）形态特征　有翅胎生雌蚜：体长1.6～1.8毫米，头黑色，胸部黑色，腹部黄绿色，两侧有黑斑。无翅胎生雌蚜：体长约1.8毫米，全体橄榄绿色，略被白粉（图52）。

（3）发生规律　3～4月孵化，晚秋产生有性蚜，交尾产卵越冬。此蚜适于温暖（15～16℃）和较干旱气候，因此，春、秋季为害较重。

（4）防治方法

①农业防治：选用抗病虫品种，及时清除田间枯枝败叶及四周杂草，以消灭部分害虫，减少虫口基数。

②物理防治：设黄板诱蚜，在菜田放置涂有机油的黄色板，诱杀有翅蚜。采用银色薄膜避蚜，在田间挂银灰色塑料膜（10～15厘米）长条，捆在棍端并插于田间，每亩8～10行。

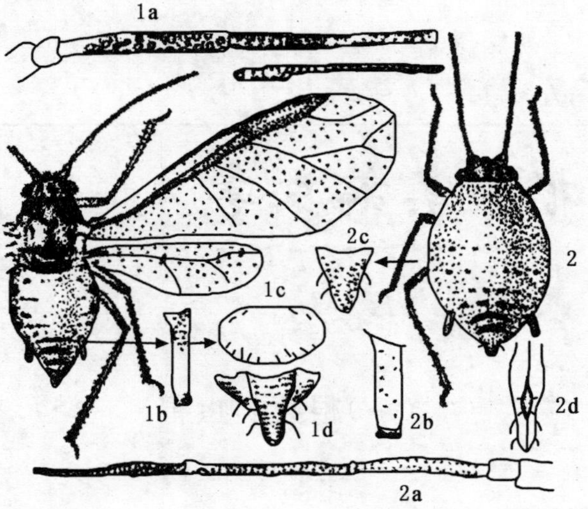


图 52 萝卜蚜

1. 有翅胎生雌蚜 2. 无翅胎生雌蚜

a. 触角 b. 腹管 c. 臀板 d. 尾片

③化学防治:首选药为 50%抗蚜威(僻蚜雾)2 000~3 000 倍液,或 10%吡虫啉可湿粉 1 000~2 000 倍液,或 15%乐溴乳油 2 000~3 000 倍液,或 70%溴马乳油 2 500~4 000 倍液等。注意交替喷施 2~3 次,隔 7~10 天 1 次,采收前 10~15 天应停止喷药。

## 2. 萝卜地种蝇

(1)为害特点 受害株在强日照下,老叶呈萎垂状。受害后的菜株发育不良,呈畸形或外帮脱落,品质变劣;受害重的,蝇蛆蛀入菜心,不能食用,蛆害造成的大量伤口,导致软腐病的侵染与流行。

(2)形态特征 雄蝇暗褐色,腹部扁平;雌蝇黄褐色,胸、腹背面无斑纹。

(3)发生规律　1 年 1 代,以蛹越冬。成虫于 8 月中下旬羽化,9 月下旬开始化蛹,10 月下旬全部化蛹越冬。8 月份多雨潮湿有助于成虫的羽化及幼虫的孵化,发生较重。

(4)防治方法

①农业防治:使用充分腐熟的粪肥,可在粪肥上覆一层毒土或拌少量药剂;晴天中午前后浇水,使浇水后土表很快干燥,避免幼虫钻土为害。

②物理防治:用红糖、醋、水(1∶1∶2.5)诱液加少量锯末和敌百虫,放入诱集盒内,每天在成虫活动盛期打开盒盖,诱杀成虫,注意诱液每 5 天加半量。

③化学防治:防治成虫及初孵幼虫可用 80%敌敌畏乳油 1 500 倍液喷雾;田间发现蛆害株可用 1.8%爱福丁乳剂 3 000 倍液药剂灌根。

### 3. 大猿叶虫

(1)为害特点　此虫的成虫和幼虫均取食菜叶,多群集为害,将叶片吃成许多孔洞,严重时把叶片吃成筛网状,仅剩残存叶脉。

(2)形态特征　成虫椭圆形,身长 4.2～5.2 毫米,体表颜色黑蓝色,有光泽,后翅发达,能飞翔(图 53)。

(3)发生规律　成虫寿命平均 3 个月。气温 26.5℃以上即潜入土中或草丛阴凉处越夏,夏眠期达 3 个月左右,至 8、9 月气温降到 27℃左右又陆续出土为害。每年 4～5 月和 9～10 月为两次发生高峰,秋季受害更重。

(4)防治方法

①农业防治:秋季收获后,及时把杂草、落叶集中处理或沤制肥料,可起到破坏害虫蛰伏场所和部分食料的作用。

②物理防治:人工捕捉。制作水盒置于木制简易的拖板上,随着人在行间的走动,虫子就落于推着的木盒中,然后集中处理。

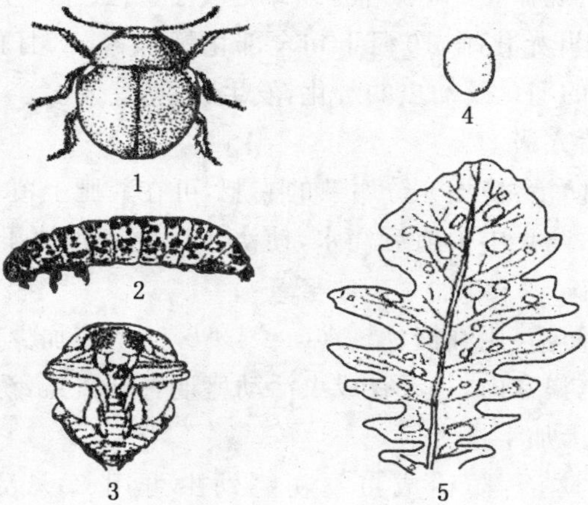


图 53　大猿叶虫

1. 成虫　2. 幼虫　3. 蛹　4. 卵　5. 为害状

③化学防治：喷药与浇水相结合防治。在幼虫初孵期和成虫出蛰期，借助浇水时间进行田间喷药防治，在地头设置旧网纱或埋泥，使害虫被集中消灭。

4. 小猿叶虫

(1)为害特点　以成、幼虫食叶为害，致叶片呈孔洞或缺刻，严重时食叶成网状，仅留叶脉及虫粪污染，不能食用，造成叶菜减产。

(2)形态特征　小猿叶虫肉瘤较少，瘤上刚毛明显(图 54)。

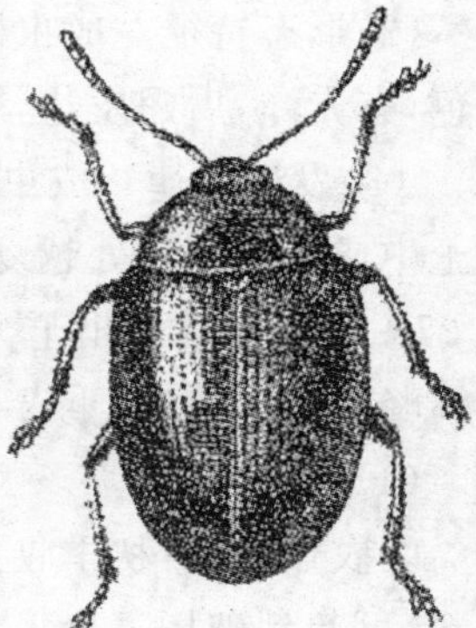

图 54　小猿叶虫

(3)发生规律　小猿叶虫在长江流域年发生 3 代，在广东年发生 5 代，无明显越冬现象，高温期亦蛰伏越夏，成虫寿命更长（平均 2 年）。

（4）防治方法

①农业防治：清除杂草、残株落叶，或在田间堆放菜叶、杂草进行诱杀。

②物理防治：人工捕杀。利用成、幼虫假死性，以盛有泥浆或药液的广口容器在叶下承接，击落集中杀死之。

③化学防治：掌握成、幼虫盛发期喷施或淋施 25％农梦特 3 000～4 000 倍液，每虫期施药 1～2 次，交替施用，喷匀淋足。

## （二）根菜类病害

### 1. 萝卜霜霉病

（1）症状识别　叶面初呈褪绿不规则黄斑，后渐扩大为多角形黄褐色斑，大小 3～7 毫米的居多，在相应的叶背可见白霉状物，潮湿时更为明显（图 55）。

（2）发病规律　平均气温在 16℃左右，相对湿度高于 70％，有连续 5 天连阴雨天气 1 次或多于 1 次，有感病品种或菌源，该病即能迅速蔓延。根据它的发病条件，霜霉病多发生于 8 月中旬至 9 月中旬。

（3）防治方法

①农业防治：选用抗霜霉病品种，如鲁萝卜 1 号、精选三尺白、红丰 2 号等；精选种子及种子消毒，无病株留种，或播种前用种子重量的 0.3％的 25％甲霜灵可湿性粉剂拌种。

②化学防治：发现病株后及时喷施 72％锰锌·霜脲可湿性粉剂 600 倍液等，每亩喷兑好的药液 60 升，要均匀喷施叶面，不得重喷或漏喷，每隔 7～10 天喷施 1 次，连喷 2～3 次，防治效果非常好。

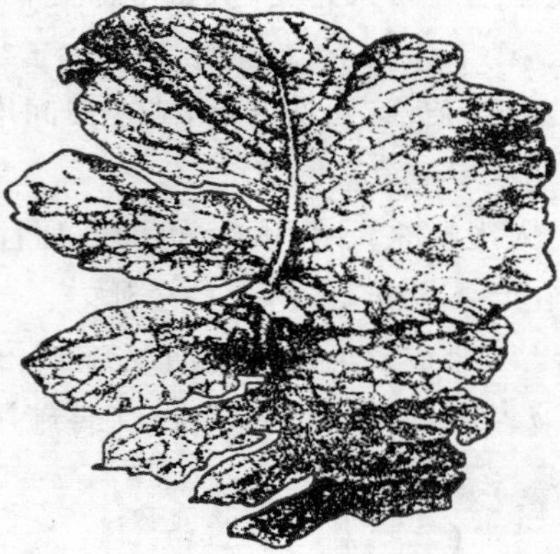

图 55 萝卜霜霉病

2.萝卜黑斑病

(1)症状识别 叶斑近圆形,直径 3～6 毫米不等,淡褐色,同心轮纹明显或不明显,潮湿时斑面出现淡黑色霉状物病征。

(2)发病规律 适温(25℃)、高湿天气有利于发病。

(3)防治方法

①农业防治:选用抗病品种;增施充分腐熟的有机肥,加强管理,提高萝卜的抗病力和耐病性;种子消毒,用种子重量 0.4%的福美双可湿性粉剂拌种。

②化学防治:选用 75%百菌清可湿性粉剂 500～600 倍液均匀喷雾。防治萝卜黑斑病最好的时期为发病前开始用药,隔 10 天 1 次,连续防治 3～4 次。使用代森锰锌的每个生长季节只能喷 1 次,防止锰离子超标。

3.萝卜白斑病

(1)症状识别 发病初期叶片散生灰白色圆形斑,扩大后呈浅灰色圆形至近圆形，直径 2～6 毫米，斑周边有浓绿色晕圈，严重时病斑连成片，引起叶片枯死。生长后期病斑叶背面长出灰色霉状物。

(2)发病规律　适宜发病温度为 11～23℃，雨后易发病。在北方菜区盛发于 8～10 月份；长江中下游及湖泊附近菜区，春、秋两季均可发生，尤以多雨的秋季发病重。

(3)防治方法

①农业防治：选用青皮抗病品种，白皮品种易发病，一般杂交种较抗病。实行与非十字花科作物 2～3 年的轮作。种子处理。选用无病种株，防止种子带菌。带菌种子可用 50℃温汤浸种，以消灭种子上的病菌。适期晚播，避开发病环境条件。增施有机肥，配合磷、钾肥料，补充微量元素肥料。及时清除田间病株，减少病原。

②化学防治：发病初可用 15％嗪胺灵 300 倍液、大生 M-45 的 400～600 倍液等喷雾，交替应用，每 7～10 天 1 次，连喷 2～3 次。

#### 4.萝卜黑腐病

(1)症状识别　为害叶片和肉质根。叶片染病，多在叶缘出现“V”字形黄色、黄褐色至红褐色病斑，叶脉亦出现褐色至紫色病变，严重者叶缘变黄干枯(图 56 )。

(2)发病规律　主要在秋季发生。在气温 15～21℃，多雨、结露时间长时易发病。十字花科蔬菜重茬、地势低洼、排水不良、播种早、发生虫害的地块发病较重。

(3)防治方法

①农业防治：选用抗病品种。用 50℃温水浸种 30 分钟，或 60℃干热灭菌 6 小时，或用种子重量的 35％甲霜灵拌种剂拌种。播种前每穴施 50％福美双可湿性粉剂，兑水 10 升，拌入 100 千克细土撒入穴中进行土壤处理。

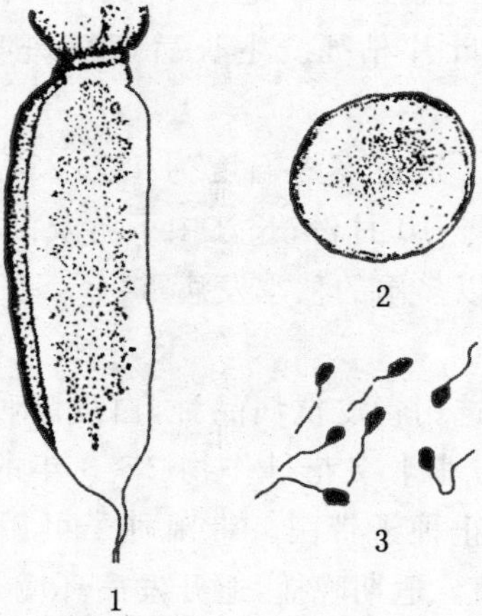


图 56 萝卜黑腐病

1,2. 萝卜纵横切面 3. 病原菌

②化学防治:发病初期开始喷洒 72%的农用链霉可溶性粉剂 3 000～4 000 倍液,隔 7～10 天 1 次,连续防治 3～4 次。

### 5. 萝卜软腐病

(1)症状识别 根茎染病,发病初始在根尖出现水浸状斑,扩大后根部呈褐色软腐,使根茎内部组织坏死,腐烂,在病部有褐色黏液溢出。叶柄和叶片染病,初始出现水浸状斑,扩大后病斑边缘明显,呈褐色腐烂。

(2)发病规律 病菌喜高温、高湿条件。温度 25～30℃,相对湿度 90%以上,利于病害侵染发生。雨水过多、灌水过度易于发病。伤口多发病重,包括自然裂口、病痕、机械伤和虫伤等;尤其昆虫为害导致伤口,又带菌传播。久旱遇雨后,增加生理伤口,发病重。低洼积水不利伤口愈合,受害严重。播种早的易于受害。

(3)防治方法

①农业防治:重发病地块提倡与非十字花科蔬菜轮作2～3年。采取深沟高畦栽培,适时播种,雨后及时排水。肥水做到小水勤浇,减少病菌随水传播的机会,施足底肥,增施充分腐熟的有机肥。收获后及时清除病株残体,并带出田外深埋或烧毁。深翻土壤,加速病残体的腐烂分解。

②药剂防治:在发病初期开始喷药,每隔7～10天喷1次,连续喷2～3次。药剂可选用47%加瑞农可湿性粉剂600～800倍液(每亩用药量125～165克)等。重病田也可采用药液灌根的办法防治。

### 6.萝卜糠心病

(1)症状识别　主要为害萝卜地下部肉质根。早期症状为肉质根出现环状或放射褐色病变,甚至出现空洞现象,俗称糠心。

(2)发病规律　昼夜温度高,特别是夜温过高,会消耗大量的同化产物,容易引起糠心;有些品种在长日照条件下出现糠心;肉质根形成期间如果光照不足,同化物减少,茎叶生长受限制,容易糠心;肉质根膨大初期水分供应过足,而膨大后期遇干旱,容易糠心。

(3)防治方法

农业防治:选用抗病品种;加强肥水管理,适时喷施叶面营养剂和淋施促丰宝液肥1号500～600倍液;注意萝卜贮藏期温度为0℃,相对湿度90%～95%为宜。

### 7.萝卜黑根病

(1)症状识别　发病初期,其侧根生长处会产生水渍状病斑,病斑扩大后病部表皮呈紫色至黑褐色,使肉质根病部开裂,稍缢缩,并向内部扩展,侵染肉质根内部组织,使内部组织变硬。

(2)发病规律　该病菌喜温暖、潮湿的环境,适宜发病的温度为 10～30℃,最适发病的土温为 20℃左右。在秋季多雨的年份发病较重。

(3)防治方法

①农业防治:选择地势高、地下水位低、排水良好的地做苗床,播前一次灌足底水,出苗后尽量不浇水,必须浇水时一定选择晴天喷洒,不宜大水漫灌。

②床土消毒:每平方米苗床施用 50%拌种双粉剂 7 克加 70%代森锰锌可湿性粉剂 1 克加细土 4～5 千克拌匀,施药前先把苗床底水打好,且一次浇透,一般 17～20 厘米深,水渗下后,取 1/3 充分拌匀的药土撒在畦面上,播种后再把其余 2/3 药土覆盖在种子上面,即上覆下垫。

③化学防治:发病初期每平方米喷淋 15%恶霉灵(土菌消)水剂 450 倍液,每平方米用 3 升。

## 8.胡萝卜白粉病

(1)症状识别　叶片和荚果表面初现白色霉点,由霉点发展为粉斑,患部表面大部分或全部为白色粉状物所覆盖,致叶片枯黄、荚果瘦瘪和籽粒不充实。

(2)发病规律　温暖、潮湿条件易于感染,但在干旱、少雨情况下,由于植物生长不良抵抗力下降,有时发病更重。早播和多肥时病重。

(3)防治方法

①农业防治:选用抗病品种,如金港五寸、三红胡萝卜等;施足粪肥,但注意切勿偏施、过施氮肥;适当灌水,雨后及时排水;发现初始病叶及时摘除,抑制病情发展。

②化学防治:发病初期及时进行药剂防治,可喷 40%多硫悬浮剂 500 倍液等。

### 9. 胡萝卜黑斑病

(1)症状识别　叶片染病多从叶尖或叶缘开始,出现不规则褐色至黑色小病斑,周围组织略褪色。病斑扩大后呈不规则形黑褐色,内部淡褐色,潮湿时,病斑上长出黑色霉层,严重的病斑汇合布满叶片,叶缘上卷,叶片早枯。茎发病,产生长圆形黑褐色稍凹陷病斑。

(2)发病规律　病菌喜高温、高湿条件。在15～35℃范围内均可发病,发病适温28℃左右。胡萝卜生长盛期常有雨,或忽晴忽雨、天气闷热、多露天气易发病。发病后遇天气干旱,症状显现快而明显。缺肥、生长衰弱时,发病加重。

(3)防治方法

①农业防治:用种子重量0.3%的50%福美双可湿性粉剂拌种;实行2年以上轮作;增施有机肥。

②化学防治:发病初期喷洒50%扑海因可湿性粉剂1 500倍液,隔7～10天1次,连续防治2～3次。

### 10. 胡萝卜根结线虫病

(1)症状识别　地上部表现为重病株生长发育不良,叶片中午萎蔫或逐渐枯黄,植株矮小,影响结实,发病严重时,全田植株枯死。地下染病后产生瘤状大小不等的根结。

(2)发病规律　土壤pH值为5.4～6.5、土壤温度为18～25℃、土壤湿度为60%时,有利于发生。土壤pH值在7.2以上、土壤湿度在45%以下或95%以上、土壤温度在12℃以下或27℃以上,本病很少发生。

(3)防治方法

①农业防治:清除病株,减少田间菌源;采用深沟高畦栽培;小水勤浇有利于控制土壤湿度,减轻病害发生;对重病田块适当施用

草木灰或生石灰等碱性肥料，如每亩施生石灰35～50千克或熟石灰75～100千克于土表，然后翻挖做畦，调节土壤酸碱度至弱碱性，减轻发病；多施腐熟农家肥和磷钾肥，控制氮肥施用量。

②化学防治：

土壤消毒：播种前每亩用70%的敌克松药粉3千克加细土30千克拌匀后撒施或用75%百菌清1 000倍液进行土壤消毒。

苗床消毒：选择无病田育苗，播种前2周，每平方米苗床用福尔马林1∶(40～50)倍液浇在畦面上，覆盖塑料薄膜消毒5～6天后，刨松土壤通风透气，1周后便可播种育苗；每平方米苗床用40克50%的多菌灵消毒后再播种；在2叶期，用75%百菌清800～1 000倍液浇施，每株0.2～0.3千克，每7天1次，共浇2～3次，防效可达70%。

种子消毒处理：播种前用55℃的温水浸种15分钟，晾干种子后用种子重量0.3%～0.4%的50%扑海因可湿粉剂进行拌种。

农药灌根：在十字花科作物发病初期用15%石灰乳液，每株0.5克浇灌，或淋施75%五氯硝基苯700～1 000倍液，可减轻病害。

# 参考文献


1. 费显伟. 园艺植物病虫害防治. 北京:高等教育出版社,2005.

2. 王晓梅. 安全果蔬保护. 北京:中国环境科学出版社,2006.

3. 梁金兰. 蔬菜病虫实用原色图谱. 河南:河南科技出版社,2003.

4. 王厚振,等. 茄果类蔬菜病虫害防治技术. 北京:中国农业出版社,2005.

5. 朱军生,等. 豆菜、葱、蒜类蔬菜病虫害防治技术. 北京:中国农业出版社,2005.

6. 农业部农民科技教育培训中心. 保护地蔬菜无公害栽培技术. 北京:中国农业出版社,2005.

7. 郭书普,等. 白菜、甘蓝类蔬菜及萝卜病虫害防治原色图鉴. 安徽:安徽科学技术出版社,2004.

8. 王青松. 绿色蔬菜生产病虫害防治. 福建:福建科学技术出版社,2007.

**图书在版编目(CIP)数据**

蔬菜病虫害防治技术/农业部农民科技教育培训中心，中央农业广播电视学校组编. —北京：中国农业大学出版社，2009.6
(新型农民培训丛书)
ISBN 978-7-81117-693-3

Ⅰ.蔬… Ⅱ.①农… ②中… Ⅲ.蔬菜-病虫害防治方法 Ⅳ.S436.3

中国版本图书馆 CIP 数据核字(2009)第 040496 号

| | |
|---|---|
| **书　　名** | 蔬菜病虫害防治技术 |
| **作　　者** | 农业部农民科技教育培训中心<br>中央农业广播电视学校　组编 |

| | | | |
|---|---|---|---|
| **策划编辑** | 汪春林　高　欣 | **责任编辑** | 韩元凤　王会军 |
| **封面设计** | 郑　川 | **责任校对** | 陈　莹　王晓凤 |
| **出版发行** | 中国农业大学出版社 | | |
| **社　　址** | 北京市海淀区圆明园西路 2 号 | **邮政编码** | 100193 |
| **电　　话** | 发行部 010-62731190,2620 | **读者服务部** | 010-62732336 |
| | 编辑部 010-62732617,2618 | **出　版　部** | 010-62733440 |
| **网　　址** | http://www.cau.edu.cn/caup | **E-mail** | cbsszs@cau.edu.cn |
| **经　　销** | 新华书店 | | |
| **印　　刷** | 北京时代华都印刷有限公司 | | |
| **版　　次** | 2009 年 6 月第 1 版　　2014 年 4 月第 7 次印刷 | | |
| **规　　格** | 850×1 168　32 开本　5.25 印张　127 千字 | | |
| **印　　数** | 31 001～34 000 | | |
| **定　　价** | 8.30 元 | | |

凡本版教材出现印刷、装订错误，请向中央农业广播电视学校教材处调换
**联系地址：北京市朝阳区麦子店街 20 号；电话：010-59194429；邮编：100125**
**网址：www.ngx.net.cn**